中等职业教育类专业 互联网+ 系列

幼儿健康教育
活动设计与指导

主　编　张继红　薛保印

副主编　付蓓蓓

参　编　李　芳　韩珍珠　杜慧慧

主　审　祝犇立

北京理工大学出版社

BEIJING INSTITUTE OF TECHNOLOGY PRESS

图书在版编目（CIP）数据

幼儿健康教育活动设计与指导 / 张继红，薛保印主编 . —北京：北京理工大学出版社，2021.6 重印
ISBN 978-7-5682-4710-8

Ⅰ.①幼…　Ⅱ.①张…②薛…　Ⅲ.①学前教育—健康教育—职业教育—教材　Ⅳ.①G 613.3

中国版本图书馆CIP数据核字（2017）第206308号

出版发行 / 北京理工大学出版社有限责任公司
社　　址 / 北京市海淀区中关村南大街 5 号
邮　　编 / 100081
电　　话 /（010）68914775（总编室）
　　　　　（010）82562903（教材售后服务热线）
　　　　　（010）68948351（其他图书服务热线）
网　　址 / http: //www.bitpress.com.cn
经　　销 / 全国各地新华书店
印　　刷 / 定州市新华印刷有限公司
开　　本 / 787 毫米 × 1092 毫米　1/16
印　　张 / 10.5
字　　数 / 218 字
版　　次 / 2021 年 6 月第 1 版第 4 次印刷
定　　价 / 33.80 元

责任编辑 / 张荣君
文字编辑 / 柴　娜
责任校对 / 周瑞红
责任印制 / 边心超

前　言

近年来，我国学前教育迅速发展，尤其是《3~6岁儿童学习与发展指南》的颁布，为学前教育提供了更加明确的指导。与此同时，职业教育也表现出新的趋势，国务院《关于加快发展现代职业教育的决定》指出要"巩固提高职业教育发展水平"，因而加强内涵建设成为职业学校发展的重点。以上两个方面都为职业学校学前教育专业建设和发展提出了新的要求。

根据学前教育的发展现状，结合学前教育专业教学的新理念、新趋势，我们编写了这本教材。本书力求符合学生学习和教师教学的特点，内容简明扼要，注重理论与实践的结合，体现出知识的可操作性，使学生能体验到学习的效能。本教材从课程设置出发，结合幼儿身心发展特点，着重介绍三方面内容：一是健康的一般理论、学前儿童健康的目标和内容；二是从学前儿童身体保健、心理健康教育、体育方面；三是介绍学前儿童健康的评价。

本教材每单元前面都有单元介绍和知识目标，起到导读的作用。每课的情景案例、知识拓展、案例分析、相关链接等设置，帮助学生开拓视野并对教材内容进行补充。每单元后面都有议一议、练一练，帮助学生巩固所学的知识。

本书编写过程中参考和引用了一些专家学者的成果，在此表示衷心感谢。由于编者能力所限，加之时间仓促，书中难免有不妥之处，望广大读者批评指正。

编　者

目录 Contents

第一单元 学前儿童健康教育概述

 单元介绍

　　学前儿童健康教育概述从现代健康观的角度出发，系统论述了学前儿童健康教育的含义及意义，并在此基础上表述了学前儿童健康的标志，强调树立正确的健康观念，不仅要重视学前儿童的身体健康，更要高度重视儿童的心理健康。良好的身体、愉快的情绪、强壮的体质、协调的动作、良好的生活习惯和基本生活能力是学前儿童身心健康的重要标志，也是其他领域学习和发展的基础。

 学习目标

◎ 了解学前儿童健康教育的意义及影响学前儿童健康的因素。
◎ 理解健康和健康教育的含义及健康的标志。
◎ 掌握学前儿童健康教育的概念及学前儿童健康的标志。
◎ 能够结合实际开展学前儿童健康教育活动。

 情境创设

　　据 2011 年 7 月 7 日人民网《聚焦儿童健康状况调查》：我国少儿体质已敲响警钟。调查显示，从 1990 年至今的 20 多年间，少儿体质一直呈现持续下降趋势，最典型的问题就是肥胖和近视。与 2000 年相比，少儿肥胖率增长近 50%，近视率从 20% 增长到 31%。

　　看了这则报道，你有怎样的认识？

《幼儿园教育指导纲要（试行）》（以下简称《纲要》）中指出："幼儿园必须把保护幼儿生命和促进幼儿健康放在工作的首位。树立正确的健康观念，在重视幼儿身体健康的同时，要高度重视幼儿的心理健康。"学前儿童阶段是儿童身体发育和机能发展极为迅速的时期，也是形成安全感知和乐观态度的重要阶段。良好的身体、愉快的情绪、强壮的体质、协调的动作、良好的生活习惯和基本生活能力是幼儿身心健康的重要标志，也是其他领域学习和发展的基础。因此，幼儿园教育要把五大领域（健康、语言、社会、科学、艺术）的内容相互渗透的同时，在健康教育领域的活动中要充分尊重幼儿生长发育的规律，组织生动有趣、形式多样的活动，吸引幼儿主动参与，从不同的角度促进幼儿的情感、态度、能力、知识、技能和个性等方面的协调发展。

第一节　健康教育

一、健康的含义

过去，人们普遍认为，身体没有病就是健康。有人说的更具体：不吃药、不打针、不感到身体不舒服就是健康。《辞海》对健康的定义是：人体各器官系统发育良好，功能正常，体质健壮，精力充沛并具有良好的劳动效能的状态。事实上，健康是一个综合的、历史性的概念。随着人类社会的发展，人类对健康的要求和认知也不断变化、更新和扩展。

健康教育的产生

1948年，世界卫生组织（WHO）在《世界卫生组织宪章》中指出："健康不仅仅是指没有疾病或虚弱现象，而是身体、心理和社会适应三方面都良好的总称。"

生理健康	• 指人体在形态、结构、机能、体能和环境适应上的良好状态
心理健康	• 指人在情绪、意志、平衡人际及社会关系等方面处于良好状态
社会适应良好	• 指人自身适应社会环境的变化与发展过程处于良好状态，包括群体关系、社会环境、应变能力、处理角色和工作能力等方面处于良好状态

这一概念改变了以往认为健康仅仅是指无生理功能异常，免于疾病的单一概念，明确、概括地指出人在生命活动过程中生理、心理、社会活动等多方面的要求。

1989 年，世界卫生组织又将道德健康寓于健康概念中，即"健康应包括生理健康、心理健康、社会适应良好和道德健康。道德健康是指人的信仰、品德、情操、人格等处于积极向上、高尚和完美的状态。这一新概念的提出表明，一个人只有在躯体上、心理上、社会上和道德上保持相对的平衡和良好的状态，才能称得上完全的健康。

对健康的认识

人们对健康的认识随着历史的发展、社会的进步，大致经历了从神灵自然医学模式、生物医学模式到现在的生物心理社会医学模式三个阶段。

神灵自然医学模式：早期的人类社会，由于生产力水平和认识水平低下，对于生命现象和疾病的认识甚少，健康被认为是神灵赋予的礼物。如古希腊人认为"血液、黏液、黄胆、黑胆"四种液体平衡便会健康，否则就会生病。人有了疾病无法医治应求神问卜。这就是早期的神灵自然医学模式。

生物医学模式：随着医学研究的不断发展，生产力水平的提高，人们认识事物的能力和水平也得到了极大的提高，并因此建立了以生物机体和机体的生物性为研究对象的生物医学模式，开始从生物学的角度认识疾病。随着社会的发展，生物医学模式也暴露出许多局限性，它不但不能全面反映健康的内涵，而且束缚了医学研究的进一步深化。

生物心理社会医学模式：20 世纪后半叶，人们发现，由理化、生物刺激所导致的死亡率已退居次要地位，而与心理、社会因素密切相关的高血压、冠心病、癌症、溃疡和精神疾病的发病率和死亡率则明显提高。据统计，上述这些身心疾患的死亡率已进入了人类疾病死亡谱的前三名。另外，政治、经济、战争、教育、居住、职业等社会因素以及冲动、孤独、紧张、恐惧、忧虑等心理因素对健康的威胁也日趋严重。这种现象说明仅从生物医学的角度来描述健康是不够的，应该充分考虑社会心理和行为因素对疾病和健康的影响。

（选自麦少美，孙树珍等，学前儿童健康教育活动指导［M］.上海：复旦大学出版社，2007.）

二、健康的标志

1978 年，世界卫生组织（WHO）提出了健康的十条标准，来衡量一个人是否健康。

（1）精力充沛，对承担日常生活和繁重的工作不感到过分紧张和疲劳。

（2）处事乐观，态度积极，乐于承担责任，事无巨细不挑剔。

（3）善于休息，睡眠良好。

（4）应变能力强，能适应环境的各种变化。

（5）能抵抗一般性感冒和传染病。

（6）体重得当，身体匀称。

（7）眼睛明亮，反应敏锐。

（8）牙齿清洁，无龋齿，无痛感；牙龈颜色正常，无出血现象。

（9）头发光泽，无头皮屑。

（10）肌肉丰满、皮肤富有弹性。

1999年，世界卫生组织提出了人类新的健康标准，即"五快三良好"。

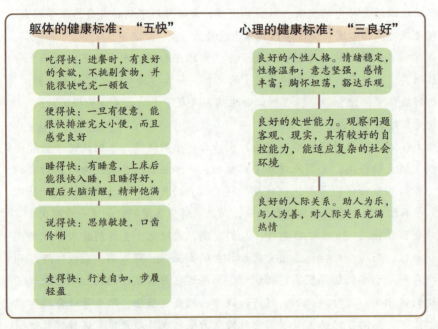

躯体的健康标准："五快"	心理的健康标准："三良好"
吃得快：进餐时，有良好的食欲，不挑剔食物，并能很快吃完一顿饭	良好的个性人格。情绪稳定，性格温和；意志坚强，感情丰富；胸怀坦荡，豁达乐观
便得快：一旦有便意，能很快排泄完大小便，而且感觉良好	良好的处世能力。观察问题客观、现实，具有较好的自控能力，能适应复杂的社会环境
睡得快：有睡意，上床后能很快入睡，且睡得好，醒后头脑清醒，精神饱满	良好的人际关系。助人为乐，与人为善，对人际关系充满热情
说得快：思维敏捷，口齿伶俐	
走得快：行走自如，步履轻盈	

衡量孩子健康的测试

三、健康教育的含义

健康教育概念的产生是与人们对于健康的认识和需要密切联系的。健康教育的出现最早源于与学校有关的卫生教育。从19世纪后期开始，美国及欧洲一些国家相继尝试在学校开设生理卫生课，"健康"始被列入一系列学校教育目标之一。据有关文献报道，"Health Education"最早在1919年的美国儿童健康协会的会议上被采用。以后，一些直接从事卫生和教育的专家们也逐渐更明确地把健康与教育联系起来，阐述通过教育指导人们对疾病的预防。目前，有关健康教育的定义有数十种，但其共识归纳起来有如下五点：

（1）健康教育是一种以教育为中心的过程，是一种自愿的学习而不是强制的。

（2）健康教育所关注的对象是人。促使每个人获得能力和责任感，以便对自我的健康做出抉择。

（3）健康教育的焦点在于沟通健康知识与个人实际行为的联系与统一。

（4）健康教育重视个人行为的改变及影响个人行为形成、改变的各种因素。

（5）健康教育需要社会和行政干预。

我国有关专家一般认为，1988年第13次世界健康教育大会提出的关于健康教育的定义比较贴切，即健康教育是一门研究传播健康知识和技术、影响个体和群体行为、预防疾病、消除危险因素、促进健康的科学。现代社会的人们迫切需要进行以健康为目的、有计划、有组织、有步骤的教育活动，促使人们自觉地采取有利于健康的行为和生活方式，消除和降低影响健康的危害因素，以便预防疾病，提高生活质量。

健康教育首先是健康与教育的有机结合，促进健康不仅是卫生部门的责任，也是教育部门的责任，是全社会共同的责任。它的核心就是教育人们树立"人人为健康，健康为人人"的正确观念，增强自我和群体的保健意识及保健能力，营造一种全民范围的健康意识，每个人不但要对自己的健康负责和向社会求得医疗保健服务，而且要在促进他人和全社会的健康方面承担义务。因此，健康教育就必须为人们提供改变对健康有害的行为和生活方式所需的知识、技能与服务，并促使人们自觉地去应用这些知识、技能和服务。其次是一个有目的的教育活动，它强调改变人们的行为，以提高生活质量。因此，健康教育要有组织地加以实施，要贯彻在人的整个学习生活中，在人们的意识形态、生活理念和独立生活习惯形成的过程当中自然地渗透健康的行为准则，在接受其他知识、培养认识问题和解决问题能力的同时，也接受正确的健康知识，学会认识和处理自身的和周围的健康问题。

第二节　学前儿童健康教育

情境创设

胡康康是这个学期新来的小朋友，今年四岁了，是一个聪明的孩子。开学时他的妈妈向老师抱怨，说孩子淘气任性，不听话，想要的东西哭闹着要，不到手不罢休；经常和大人"闹独立"，总是力图摆脱大人的约束，不按照大人的要求去做，抗拒、不服从大人管教，你让他去做的事，他偏不去做，你不让他去做的事，他偏去做，或者表面上答应，内心不服，当大人不在旁边时，就由着自己的性子来。家长担心，孩子如此任性，将会严重影响其个人健康成长，但是不知采取什么方法来引导他，让他改掉身上的坏毛病……

思考：根据家长的叙述以及康康的行为表现，分析一下康康任性性格形成的原因，谈谈解决的方法。

一、学前儿童健康教育的含义和意义

（一）学前儿童健康

学前儿童健康是指学前儿童身体各个器官、各个组织发育正常，没有身体缺点（如视力不良、扁平足、龋齿、姿势性脊柱弯曲异常、沙眼等），性格开朗，情绪乐观，对环境有较快的适应能力。

学前儿童健康主要包括生理上的健康、心理上的健康与良好的适应性。

1. 学前儿童的生理健康

儿童的生理健康是指儿童各个器官、组织的生长发育正常，没有生理缺陷，能有效抵抗各种急、慢性疾病，体质不断增强。体质是人体的质量，是一切生命活动的基础，健康是体质状况的反映和表现。儿童身体各个器官组织的正常生长发育、生理系统的正常运作是保证健康的前提。明显的生理缺陷必将产生生理障碍，因而，诸如组织器官的缺陷或功能异常、视力不良、贫血、呼吸道感染等异常疾病、肥胖、瘦弱、体格生长偏离等，都属于不健康状态。

2. 学前儿童的心理健康

心理健康是人的内心世界与客观环境的平衡，是自我于他人的平衡。当前对心理健康的界定尚不统一，但一般认为心理健康的个体具有以下特征：有幸福感和安全感，遵守社会规范，适应周围环境，能够调节人际关系，具有应变、应急及从疾病或危机中恢复的能力，具有自我实现的理想和能力。

儿童的心理健康是指学前儿童人格发展正常，具有强烈的求知欲，情绪稳定，无任何心理障碍。良好的心理状态是保证健康的基本条件。

3. 良好的社会适应能力

学前儿童的社会适应性是指儿童在生物特性的基础上，在与环境作用的过程中，掌握社会规范，形成社会技能，学习社会角色，获得社会性需要、态度、价值等，发展社会性行为，并以独特的个性于他人相互交往、相互影响，适应周围社会环境，在由自然人发展为社会人的社会化过程中所形成的心理特性。学前儿童在社会生活中，同样会产生人际交往、合作、友情、尊重等愿望和需求，如睡眠和休息、合理膳食、运动、安全感、成人保护、被同伴接受等需求，这些需要的满足，都依赖于自己对社会的适应，同时，它们又能促进个体社会适应能力的发展，因此，良好的社会适应性是学前儿童智力发展的基础，是儿童终身发展的需要。

（二）学前儿童健康教育

学前儿童健康教育是根据学前儿童身心发展的特点，以提高学前儿童健康认识、改善学前儿童健康态度、培养学前儿童健康行为、维护和促进学前儿童的健康为核心目标而开展的有

组织、有计划、有目的的一系列教育活动。学前儿童健康教育是终身健康教育的基础，是学前教育最重要的组成部分。它包括身体和心理的健康教育、体育、生活自理教育、安全自护教育和环境与健康教育。

幼儿园健康教育基本内容

（三）学前儿童健康教育的意义

学前儿童健康教育意义

《纲要》明确要求："幼儿园必须把保护幼儿的生命和促进幼儿的健康放在工作的首位。"向学前儿童进行健康教育是人类进步的必然要求，是学前儿童身心发展的需要，也是学前儿童教育必不可少的组成成分，无论从社会的发展还是从儿童个体的发展来看，都具有十分重要的意义。

1. 学前儿童健康教育是保证儿童身心健康发展的特殊需要

陈鹤琴先生认为"幼稚园第一要注意的是儿童的健康"。夸美纽斯认为，教育儿童最主要的目的之一是必须重视如何增强儿童的健康。婴幼儿时期正处于一个人生命刚刚起步阶段，身体各个器官、系统发育和功能尚未完善，自我保护意识和对疾病的抵抗能力较弱，对外界环境的适应能力差，容易受到各种伤害；幼儿心理发展迅速，易受多种因素影响，发生多种行为问题和心理异常。因此，让幼儿主动参与一些力所能及的健康教育活动，可以消除危害因素，纠正不良的生活卫生习惯，减少发病率。在接受健康教育的过程中，幼儿还能够学到许多健康知识，改变自己对健康的态度，形成有利于自己和他人健康的行为。

2. 学前儿童健康教育是对儿童进行全面素质教育不可缺少的教育内容

学前儿童身心健康是其全面和谐发展的基本条件，是培养智能素质、品德素质和审美素质的基础。健康既是学前儿童身心和谐发展的结果，也是学前儿童身心充分发展的前提。健康的身体是个体求得生存并获得良好的社会化发展的必备条件。学前儿童健康教育在促进其身体健康发育的同时，对儿童道德的发展也有着积极的影响。丰富多彩的健康教育活动不仅能够满足儿童活泼好动的心理需要，同时有助于学习自我服务技能，也能改变儿童的某些不良习惯，培养儿童讲究文明和遵守社会公德的行为，学会与同伴和谐相处，感受和创造健康美……这些都有利于学前儿童身心和谐全面发展。

3. 学前儿童健康教育将为儿童一生的健康和生活奠定良好的基础

19世纪英国伟大的哲学家和启蒙思想家约翰·洛克认为："人生幸福有一个简短而充分的描述：健全的心智寓于健全的身体，凡身体和心智都健全的人就不必再有什么别的奢望了；身体和心智如果有一方面不健全，那么即使得到了别的东西也是枉然。"人的生命历程的每一个阶段都必须高度重视健康问题，都必须吸取健康信息，任何时候放松了健康知识的学习和应用，健康就会远离自己。0～6岁是每个人自身发展的最佳时期，也是人生的奠基时期，因此，该阶段健康显得尤为重要。学前儿童时期的健康不仅能提高儿童的生命质量，而且为一生的健康赢得了时间。学前儿童健康教育是终身健康教育的基础阶段，所以对学前儿童进行健康教育，培养其健康的生活信念和生活方式，对提高他们一生的生活质量和生命质量是十分必要的。

4. 学前儿童的身心健康是国家、民族发展的需要

《中共中央国务院关于深化教育改革，全面提高素质教育的决定》指出："健康的体魄是青少年为祖国和人民服务的基本前提，是中华民族旺盛生命力的体现。"陈鹤琴先生认为："健全的身体是一个人做人、做事、做学问的基础。""强国必先强种，强种必先强身，要强身先要注意幼年的儿童。"也就是说，关注人类早期的健康教育是国家和民族发展的需要。人类的发展、

社会的进步，需要一代又一代人的不断努力和创造。而科学技术的进步、国家经济的发展，乃至整个社会文明的进步、在根本上都取决于一个国家下一代的素质和竞争力，因此，学前儿童的健康是提高人口素质、民族素质的重要保证。只有个体的身心健康，才能促进整个社会的健康发展，才能建设强大而繁荣的国家。

陈鹤琴的教育思想

二、学前儿童健康的标志

学前儿童健康是一个动态的过程，只有及时了解、正确评价学前儿童的健康状态，才能更积极地改进和完善学前儿童健康教育工作。《纲要》中指出："发育良好的身体、愉快的情绪、强健的体质、协调的动作、良好的生活习惯和基本生活能力是幼儿身心健康的重要标志。"

（一）身体健康

1. 生长发育良好

身高、体重、胸围、头围等各项体格发育指标、生理机能指标和生化指标符合该年龄组儿童发展的健康标准。食欲良好、睡眠好、精力充沛等。

2. 适应能力增强

具有一定的抵抗疾病的能力，较少得病；对冷热等环境因素的变化具有适应能力；能适应多种体位的变化，如摆动、旋转、身居高处等。

3. 体能发展良好

学前儿童的活动能力发展正常，身体的各种基本动作适时产生，如抬头、翻身、坐、爬、站立、走、跑等；肌肉较有力，身体动作较平稳、准确、灵敏和协调；手、眼的协调能力发展良好等。

（二）心理健康

1. 动作发展正常

动作发展与脑的形态及功能的发育密切相关，学前儿童躯体大动作和手指精细动作的发展水平处于正常范围是心理健康的基本要求。

2. 认知发展正常

良好的认知能力是学前儿童生活和学习的重要条件。学前期是儿童认知发展的重要时期，所以应避免因各种原因造成的脑损伤或不适宜的环境刺激，防止学前儿童产生不健康的心理。

3. 情绪稳定，反应适度

情绪是一个人对客观事物的内心体验，情绪健康是心理健康的重要组成部分。积极的情绪状态可以提高儿童活动的效率。同时，积极的情绪状态反映了中枢系统功能的协调性，亦表明个体的身心处于良好的平衡状态。学前儿童的情绪具有很大的冲动性和易变性，但随着年龄的增长，情绪的稳定性逐渐增强，自我调节能力逐步提高，并开始学会合理地发泄消极的情绪。

4. 性格特征良好

性格是个性中最核心、最本质的表现，它反映在对客观现实的稳定态度和习惯化了的行为方式中。心理健康的学前儿童一般具有热情、勇敢、自信、主动、合作等性格特征，而心理不健康的学前儿童常常具有冷漠、胆怯、自卑、被动、孤僻等性格特征。

5. 人际交往和谐

学前儿童的人际交往是维持心理健康的重要条件，同时，也反映出儿童的心理健康状态。心理健康的学前儿童乐于与人交往，能与同伴合作，在游戏中能够谦让待人，乐于帮助别人。心理不健康的学前儿童人际关系失调，常表现为远离同伴，或成为群体中不受欢迎的人，最终形成较强的自卑、孤僻等不健康的心理问题。

6. 没有严重的心理卫生问题

儿童期不仅是长身体、长知识期，也是心理发展和个性形成的关键时期，家庭与幼儿园的教养方式与教育模式若有不当，会造成儿童出现各种心理问题。学前儿童的心理卫生问题常通过特定的行为表现出来，如，多动、口吃、遗尿、吮吸手指等，必须充分重视这些心理卫生问题，否则极易在后续发展中引起严重的心理障碍。心理健康的儿童应没有严重的或复杂的心理卫生问题。

（三）良好的社会适应能力

著名幼教专家陈鹤琴先生非常强调对学前儿童进行做人的教育，即对儿童进行社会适应能力教育。良好的社会适应能力是学前儿童获得发展的必要条件，也是儿童智力发展的基础。在社会生活中，每个人都有人际交往、合作、友情、尊重等愿望和需求，这些需求的满足，都依赖于自己对社会的适应，同时，他们又能促进个体社会适应能力的发展。如学前儿童需要一定时间的睡眠和休息，需要合理的营养，需要适当的运动；需要一定的安全感，需要依赖于成人的保护；需要被同伴接受，需要独立，需要自己动手去解决一定的社会问题等。对学前儿童来说，良好的社会适应能力主要表现在以下三个方面。

良好的社会适应能力主要表现	· 能较快地融入集体生活
	· 乐于与人交往合作，有良好的人际关系
	· 能主动积极地应付各种压力，以保持他们与环境之间及自身内在的平衡

三、影响学前儿童健康的因素

健康是诸多相互交叉、渗透、影响和制约的因素交互作用的结果。学前儿童的身体、心理和社会适应的健全状态有赖于他们所处的良好的自然环境和社会环境，也有赖于其自身状况，还与其作用于环境的方式以及环境的反作用有关。影响儿童健康的主要因素有环境因素、生物学因素、生活方式、卫生保健服务等四大类型。

> "5岁以下的儿童中，33%以上的疾病，是由环境暴露造成的"。2007年7月27日，世界卫生组织发布了名为《评价与接触化学品有关的儿童健康风险原则》的报告。这份长达351页的报告，由18个国家24位专家共同完成。
>
> "孩子不是小个子的成人"，世界卫生组织区域兼研究组组长特里博士在报告中表述"他们特别脆弱，接触环境污染物后的反应比成人严重得多"。
>
> 报告透露，全球所有的疾病中，30%是由环境因素引起的，其中40%发生在5岁以下的孩子身上，其中每年约有300万名孩子因之死亡。

（一）环境因素

环境是指人类周围的客观世界，它包括自然环境和社会环境。它是影响学前儿童健康的重要因素之一。

1. 自然环境因素

自然环境是指直接或间接影响到人类生产、生活的一切自然形成的物质、能量的总和。它包括自然环境中的空气、阳光、水源、气候及食物等，给人们提供了基本的生活条件。良好的自然环境能为学前儿童提供各类物质条件，维持和促进其正常的生命活动和健康的发展，同时，也会为他们提供各种精神条件，使他们清醒愉悦、积极向上。如充足的阳光、新鲜的空气、清洁的水源、合理的营养都是保证和促进学前儿童健康的重要条件。然而，由于人类的活动，使得影响人类健康的各种化学、物理、生物的因素也随之产生、存在和传播。这些因素破坏了大自然的平衡，造成各种环境污染，也会对正处于生长发育期的学前儿童产生极其严重的影响。调查表明，长期高强度的噪声会使儿童大脑皮质兴奋抑制过程失调、条件反射异常、脑血管功能受损、植物性神经功能紊乱，产生头痛、耳鸣、心悸、失眠、嗜睡、乏力等症状；通过饮食、呼吸等途径可感染致病性细菌、病毒，而引起相应的疾病。

2. 社会环境因素

学前儿童作为一个社会成员，与其他人群一样，都生活在具有复杂关系的社会体系中。这个体系中的各种因素，包括政治制度、社会经济关系、文化信仰、风俗习惯、人际关系等都会直接或间接地影响到学前儿童的健康。在学前期，对儿童影响较大的社会环境因素主要有家庭、托幼机构和社区。

（1）家庭

家庭是学前儿童生活和初级社会化的场所，能满足儿童的多种需要。家庭经济和营养状况、家庭结构、家庭氛围、家庭的教养方式、家长的身心素质、生活方式都与儿童的生长发育和身心健康密切相关。父母是子女的第一任教师，父母的一言一行，对学前儿童的生活方式、个性塑造、人格形成、智力发展、价值观念的取向等都有着潜移默化的影响。所以，家长在提高自身的健康水平的同时，在家庭中要注意培养学前儿童健康的行为习惯。

（2）托幼机构

托幼机构是对学前儿童实施保育和教育的机构，也是儿童次级社会化的场所，承担着对儿童提供保健服务的任务。作为又一个重要的社会环境，对学前儿童的身心健康产生着重要影响。托幼机构保健设施的完善程度和服务质量等直接影响着儿童的健康状况。幼儿园对幼儿提供的保健服务不仅应体现在供给合理平衡的膳食、基本环境卫生设施、对幼儿进行健康检查、生长发育评价、身心疾病防治、预防接种和生活照顾等方面，而且更应体现在对幼儿实施健康教育上。"幼儿园应为幼儿提供健康、丰富的生活和活动环境，满足他们多方面发展的需要，使他们在快乐的童年生活中获得有益于身心发展的经验。"为此，托幼机构应当重视创设健康的物质生活环境，譬如，园内设置警示标志、大型活动器械定期检修并有保护设施、自来水龙头旁的洗手图示、就餐时的轻音乐等，让物体与空间更有益于儿童健康。《纲要》同时指出："教师的态度和管理方式应有助于形成安全、温馨的心理环境；言行举止应成为幼儿学习的良好榜样。"教师应"以关怀、接纳、尊重的态度与幼儿交往。"为此，幼儿园还应积极构建健康的心理生活环境，创设和谐的班级氛围，平等鼓励的师幼关系和互帮互助的家园关系，使幼儿情绪安定、心情愉快。

（3）社区

社区是由生活在一定地域范围内的人所形成的一种社会生活共同体，它既是人们聚集、生活的一定地域，也是社会成员参与社会活动的基本场所。她是具体的地方社会，是大社会的缩影。儿童生活在这里，周围的一些人口、地理、环境、经济、文化、社会组织等资源，都将对儿童的身心健康产生影响。儿童的身心健康既是个人的义务，也是全社会的责任。利用社区环境，对儿童进行健康教育是教育的需要，也是社会发展的需要。如社区中的健康教育机构、医疗卫生机构、宣传和新闻部门、文化和娱乐部门、各类社会团体等都是我们对儿童进行健康教育时可利用的社会环境资源。为保证健康教育取得良好效果，我们一定要充分调动社会力量，发挥各自的优势和特点，参与配合幼儿园的健康教育活动，为儿童一生的健康打下良好的基础。

（二）生物学因素

影响学前儿童健康的生物学因素主要有遗传以及与遗传有联系的素质、疾病（生理生化改变）以及有机体损伤等。遗传是实现人类和各种生物在世代间得以种族延续的基本条件，是决定人体健康发展与变化的先天因素。现代医学研究发现，目前已知的因遗传因素直接引起的人类遗传缺陷或疾病有 3000 多种。儿童期发育障碍和精神疾患，包括婴儿孤独症、儿童精神分裂症、儿童多动综合征等的发生和发展均与遗传因素有关，而且患有遗传性疾病的儿童常伴有行为异常，如近亲结婚所生子女的遗传性疾病的发病率、早期死亡、智力低下的比例远比非近亲结婚的高。学前儿童正处于生长发育的过程中，意外伤害和疾病引起的发育障碍或机体损伤都会影响儿童的身心健康。例如，由于病变、外伤、中毒等原因而引起的儿童神经系统，特别是脑的损伤，会随之发生个体生理活动失常，还可引起机体，特别是各内脏器官器质性或功能性的继发改变以及心理活动的某些变化。

（三）生活方式

生活方式是指人们长期受一定社会的经济、文化、传统风俗、规范等影响，特别是受家庭影响而形成的一系列生活习惯、生活模式和生活意识。人的生活方式与健康密切相关，它包括人们的衣、食、住、行、休息、娱乐、社会交往等各个方面。当今，不良生活方式已经成为现代社会中影响人们健康的最主要因素。据统计，美国1976年死亡人数中，50%与不良生活方式有关；我国20世纪80年代初的调查结果表明，生活方式因素在全部死因中占44.7%，死因中居前3位的脑血管病、心脏病、恶性肿瘤、其致病因素都与生活方式有十分重要的关系。可见健康的生活方式对于人的健康是十分重要的。

学前儿童正处于逐渐形成自己的生活方式的阶段，接受并形成良好的生活方式将对其一生的健康有益。有益于学前儿童健康的生活方式包括：合理平衡的膳食；有规律的生活；适当的户外活动和体育锻炼；定期进行健康检查；保持积极乐观的情绪和一定的社会交往能力。

谁是最容易亚健康的人？

1. 精神负担过重的人；

2. 脑力劳动繁重者；

3. 体力劳动负担的人；

4. 人际关系紧张，造成心理负担重的人；

5. 长期从事简单、机械化工作的人（缺少外界的沟通和刺激）；

6. 压力过大的人；

7. 生活无规律的人；

8. 饮食不平衡、吸烟酗酒的人。

（四）卫生保健服务

托幼机构是对学前儿童实施保育和教育的机构，承担着对学前儿童提供卫生保健服务的任务，托幼机构卫生保健制度的完善程度、服务质量等都会直接影响到学前儿童的健康状况。

托幼机构的卫生保健制度，是保证儿童健康成长、防止和控制疾病发生或在园所内传播的基本措施，所以，托幼机构必须建立并严格执行各项卫生保健制度。为有效地促进儿童身心健康发展，保教人员还应为儿童提供合理均衡的营养，保证充足的睡眠和适宜的锻炼，满足儿童生长发育的需求；创设温馨的人际环境，让儿童充分感受到亲情和关爱，形成积极稳定的情绪情感；帮助儿童养成良好的生活与卫生习惯，提高自我保护能力，形成使其终身受益的生活能力和文明生活方式。

【议一议】

邬意韬，是一个非常聪明的小男孩，有很强的记忆力，学知识很快。他从小跟姥姥在一起生活，老人对孩子照顾得无微不至，从不放手让孩子自己去玩，对孩子百依百顺，老人没有文化。孩子父母虽然都是机关工作人员，但对孩子的教育却顾及甚少，对孩子缺乏必要的指导，多方面的因素导致了孩子在心理方面存有明显的障碍。在幼儿园，和小朋友交往很少，不爱跟大家说话，自己坐一边，不肯参加班里的活动；大家玩玩具，他想玩，却不敢跟大家在一起。小朋友不小心碰了他，就放声大哭；小朋友跟他开玩笑，说姥姥不来接他，他也哭。老师让小朋友学着叠被子，他不会叠，也哭；让他学做值日，他说不会，让他跟小朋友学，他也哭。

1. 请分析上述案例中邬意韬爱哭的原因

2. 针对上述案例中问题，幼儿园和家长应采取哪些措施？

【练一练】

一、填空题

1. 1989年，世界卫生组织又将健康的概念调整为：健康应包括（　　　　）、（　　　　）、（　　　　）和（　　　　）。

2. 学前儿童健康主要包括（　　　　）和（　　　　）。

3. 陈鹤琴先生认为："健全的身体是一个人做（　　　　）、做（　　　　）、做（　　　　）的基础。"

二、判断题

1. 儿童没有病就是健康。　　　　　　　　　　　　　　　　　　　（　　　）

2. 儿童智力正常就是健康。　　　　　　　　　　　　　　　　　　（　　　）

3. 儿童生理、心理及适应性良好就是健康。　　　　　　　　　　　（　　　）

【讲一讲】

1. 何为现代健康观？如何将其体现在学前儿童健康教育中？

2. 在幼儿教育中如何达成健康教育的目标？

心理健康测试

人的心理健康问题，是很受社会重视的，没有健康的心理素质，那么以后承担责任、压力的能力将会受到质疑。以下的小测试可以帮助你了解自身的心理健康状况。对以下40道题，如果感到"经常是"，画√号；"偶尔是"，画△号，"完全没有"，画 × 号。

测试题:

1. 平时不知为什么总觉得心慌意乱，坐立不安。（　）

2. 上床后，怎么也睡不着，即使睡着也容易惊醒。（　）

3. 经常做噩梦，恐惧不安，早晨醒来就感到倦怠无力、焦虑烦躁。（　）

4. 经常醒 1 ~ 2 小时，醒后很难再入睡。（　）

5. 学习常使自己感到烦躁，讨厌学习。（　）

6. 读书看报甚至在课堂上也不能专心致志，往往自己也搞不清在想什么。（　）

7. 遇到不称心的事情便较长时间地沉默寡言。（　）

8. 感到很多事情不称心，无端发火。（　）

9. 哪怕是一件小事情，也总是很放不开，整日思索。（　）

10. 感到现实生活中没有什么事情能引起自己的乐趣，郁郁寡欢。（　）

11. 老师讲课，常常听不懂，有时懂得快忘得也快。（　）

12. 遇到问题常常举棋不定，迟疑再三。（　）

13. 经常与人争吵发火，过后又后悔不已。（　）

14. 经常追悔自己做过的事，有负疚感。（　）

15. 一遇到考试，即使有准备也紧张焦虑。（　）

16. 一遇挫折，便心灰意冷，丧失信心。（　）

17. 非常害怕失败，行动前总是提心吊胆，畏首畏尾。（　）

18. 感情脆弱，稍不顺心，就暗自流泪。（　）

19. 自己瞧不起自己，觉得别人总在嘲笑自己。（　）

20. 喜欢跟比自己年幼或能力不如自己的人一起玩或比赛。（　）

21. 感到没人理解自己，烦闷时别人很难使自己高兴。（　）

22. 发现别人在窃窃私语，便怀疑是在背后议论自己。（　）

23. 对别人取得的成绩和荣誉常常表示怀疑，甚至嫉妒。（　）

24. 缺乏安全感，总觉得别人要加害自己。（　）

25. 参加春游等集体活动时，总有孤独感。（　）

26. 害怕见陌生人，人多时说话就脸红。（　）

27. 在黑夜行走或独自在家有恐惧感。（　）

28. 一旦离开父母，心理就不踏实。（　）

29. 经常怀疑自己接触的东西不干净，反复洗手或换衣服，对清洁极端注意。（　）

30. 担心忘记锁门和东西忘记拿，反复检查，经常躺在床上又起来确认，或刚一出门又返回检查。（　）

31. 站在沟边、楼顶、阳台上，有摇摇晃晃要掉下去的感觉。（　）

32. 对他人的疾病非常敏感，经常打听，生怕自己也身患相同的病。（　）

33. 对特定的事物、交通工具（如公共汽车）、尖状物及白色墙壁等稍微奇怪的东西有恐惧倾向。（　）

34. 经常怀疑自己发育不良。（　）

35. 一旦与异性交往就脸红心慌或想入非非。（　）

36. 对某个异性伙伴的每一个细微行为都很注意。（　）

37. 怀疑自己患了严重的不治之症，反复看医书或去医院检查。（　）

38. 有依赖止痛或镇静药的习惯。（　）

39. 经常有离家出走或脱离集体的想法。（　）

40. 感到内心痛苦无法解脱，只能自伤或自杀。（　）

测评方法：

√得2分，△得1分，×得0分

评价参考：

a. 0~8分，心理非常健康，请你放心。

b. 9~16分，大致还属于健康的范围，但应有所注意，可以找老师和同学聊聊，心情应保持愉快、乐观。

c. 17~30分，你在心理方面有一些障碍，应采取适当的方法进行调适，或找心理辅导老师帮助你。

d. 31~40分，是黄牌警告，有可能患了某种心理疾病，建议寻求专业心理医生的帮助进行检查治疗。

e. 41分以上，有较严重的心理障碍，建议寻求专业心理医生的帮助进行检查治疗。

学前儿童健康教育意义微课

第二单元　学前儿童健康教育的目标和内容

 单元介绍

　　学前儿童健康教育的目标是幼儿园健康教育活动所期望儿童获得的健康方面的发展。本单元从三个不同层面（即总目标、分类目标和年龄阶段目标）及具体的教育活动目标进行划分和表述，对学前儿童的健康教育活动起到了规范、引领和指导作用。学前儿童健康教育内容包括生理和心理健康教育与社会适应性教育两大方面，是教育工作者为了实现学前儿童健康教育目标，促进儿童的身心健康发展而设计和选择的。为了确保儿童健康教育能取得预期的教育效果，本单元中重点阐述了选择和组织健康教育内容的依据及实施学前儿童健康教育应遵循的原则。

 学习目标

◎　了解学前儿童健康教育内容选择的依据及实施原则。

◎　理解学前儿童健康教育活动目标的表述。

◎　掌握学前儿童健康教育的内容。

◎　能够结合实际，科学合理地引导学前儿童的日常生活和实践。

 情境创设

帮助孩子建立自信

　　恒恒是个内向敏感的孩子。很多时间他都很少与其他幼儿交往，自由活动的时候他最喜欢一个人拿着拼图躲到一个角落拼搭。这些行为与他入园前没有与外界接触交往有关。

美术课上，其他幼儿都开始作画，只有他还坐在位置上面对着一张白纸发呆，老师问："你为什么不画？"恒恒回答："我不会"。"那么你先画个圆吧！""我不会""那我教你吧！"于是，老师又教了一遍，之后他还是不肯动笔，这次他的回答是"我怕画错"。晚上老师把这件事跟他的爸爸进行了交流，爸爸的答案是"他会画"。

数学课上，老师请幼儿把看到的物体个数用圆圈表示出来，其他幼儿都开始动手画了，但是他却迟迟不肯动手，老师问"为什么不做"，恒恒答"我不会"，于是

老师又教了一遍，恒恒还是不肯动手，这次的回答是"我怕做错"。

这样的案例在生活中有很多，对于孩子对自己的不自信的行为，老师跟恒恒的家长进行了简单的交流，希望通过老师的一些方法，对孩子的不自信行为有所帮助。

案例分析：3~6岁是幼儿身体和心理健康发展的关键时期，也是养成良好的学习生活习惯及培养自理能力的关键时期。不少幼儿是独生子女，家庭生活条件优越，从小父母对孩子的教育都是以包办代替为主，生怕孩子做不好，这样的做法直接导致孩子依赖心理，连动手的机会都没有，更别说自信了，这会严重影响幼儿的身心健康。

因此，要依据儿童身心发展的特点，制定适合的健康教育目标，加强幼儿健康教育。鼓励孩子自己的事情自己做，遇到有困难的时候家长能耐心引导，但不是替代他去做。对于孩子的细微进步，家长要表扬和鼓励，并且充分利用各种途径，使孩子更多地获得成功，积累积极的情感体验，从中认识自己的长处，相信自己的能力，树立自信。

《纲要》明确要求："幼儿园必须把保护幼儿的生命和促进幼儿的健康放在工作的首位"。学前儿童健康教育的目标，实质上是对儿童在幼儿园教育、活动期间身体素质、自我保健能力等方面应达到的水平的预想，是对学前儿童在健康教育中应获得的发展效益的规定。学前儿童健康教育的目标在健康教育活动中具有定向、激励和调控的作用，是幼儿园健康教育活动的出发点和归宿，是科学开展学前儿童健康教育活动的关键，是构建教育内容、选择教育方法和制定评价内容与标准的基本依据，也是确定学前儿童阶段目标和具体活动目标的重要依据。

第一节　学前儿童健康教育的目标

学前儿童健康教育是人一生健康教育的基础。在社会日益发展的今天，保护和促进儿童的生命和健康，应该是家长和教育工作者的首要任务，家长和教师应该明确学前儿童健康教育的目标，从而创设良好的教育环境、确定教育内容、选择教育方法与组织形式，促进学前儿童健康发展。学前儿童健康教育目标包括三个层面：总目标、分类目标和各年龄阶段目标。

一、学前儿童健康教育总目标

学前儿童健康教育的总目标既是学前儿童健康教育的根本目的，也是学前儿童健康教育的最终目标，同时还是确定健康教育活动相应的阶段目标及具体目标的重要依据，它对学前儿童的身心保健起到规范作用。

学前儿童健康教育
目标总述

《纲要》明确提出了幼儿健康教育的总目标：

第一、身体健康，在集体生活中情绪安定、愉快。

第二、生活卫生习惯良好，有基本的生活自理能力。

第三、知道必要的安全保健常识，学习保护自己。

第四、喜欢参加体育活动，动作协调、灵活。

为指导幼儿园和家庭实施科学的保育和教育，促进幼儿身心全面和谐的发展，教育部2012年发布《3~6岁儿童学习与发展指南》（以下简称《指南》），其中对健康领域的目标从以下三个方面进行了阐述，如表2-1所示。

表 2-1　《指南》健康领域目标

身心状况	动作发展	生活习惯与生活能力
目标1：具有健康的体态 目标2：情绪安定愉快 目标3：具有一定的适应能力	目标1：具有一定的平衡能力，动作协调、灵敏 目标2：具有一定的力量和耐力 目标3：手的动作灵活协调	目标1：具有良好的生活与卫生习惯 目标2：具有基本的生活自理能力 目标3：具有基本的安全知识和自我保护能力

上述关于学前儿童健康教育的总目标是制订健康教育活动最直接的依据，从目标表述来看，各个时期都能考虑到儿童身体健康和心理健康的诸多方面，充分体现了三个方面的价值取向。

（一）身心和谐发展

学前儿童健康应包括身体健康和心理健康两个主要方面。学前儿童的身体健康以发育健全、具备基本的生活自理能力为主要特征；学前儿童的心理健康以情绪愉快、适应集体生活为主要特征。由于学前儿童的身体健康和心理健康是密不可分的两个方面，只有身体和谐发展才能真正保证身体健康和心理健康。

（二）保护与锻炼并重

既重视掌握必要的保健知识提高保护自身的能力，又强调通过体育活动提高身体素质。其中了解与安全问题相关的知识和技能，培养儿童对体育活动的兴趣、增强动作的协调性和灵活性是幼儿园健康教育的重点。

（三）健康行为的形成和健康态度的转变并重

探讨儿童健康行为建立、改变和巩固的一般规律是学前儿童健康教育研究的重点，虽然提高儿童的健康意识、改善儿童的健康态度、培养儿童的健康行为都是学前儿童健康教育的目标，但儿童健康行为的形成是学前儿童健康教育的核心目标。

二、学前儿童健康教育分类目标

学前儿童健康教育分类目标是在总目标的引领下，将学前儿童健康涉及的身体、心理和社会适应三个方面进行相对的划分与归类后确定的目标，分类目标的确定有利于提高健康教育活动开展的系统性与连续性。学前儿童健康教育分类目标依据其性质和特点可分为身体保健教育目标和身体锻炼教育目标两大方面。

（一）学前儿童身体保健教育目标

生活习惯	（1）培养儿童良好的作息、睡眠、排泄、盥洗、整理等卫生习惯。 （2）帮助儿童了解初步的卫生常识和遵守有规律的生活秩序的重要意义。 （3）帮助儿童学会并掌握多种讲究卫生的技能，逐步提高儿童生活自理能力
饮食与营养	（1）帮助儿童认识常见食物名称、种类及其特点，知道不同食物有不同的营养。 （2）培养儿童良好的饮食习惯。 （3）帮助儿童了解膳食均衡的简单知识及其意义，培养儿童不偏食的良好习惯
人体认识和保护	（1）帮助儿童认识人体的主要器官，并了解其主要功能。 （2）帮助儿童获得预防常见病的简单知识，初步培养儿童不怕伤痛，乐于接受预防接种和疾病治疗的态度及行为。 （3）帮助儿童理解心情愉快对身体的好处。 （4）帮助儿童学习保护身体主要器官的最基本的方法
保护自身安全	（1）帮助儿童了解水、火、电、煤气、刀具、常见药物的使用常识和注意事项。 （2）帮助儿童认识遵守交通规则的意义。 （3）帮助儿童获得应付意外事故（尤其是火灾、雷击、地震、台风等）的常识，懂得要及时避开危险场所。 （4）帮助儿童了解体育活动中的常识。

（二）学前儿童身体锻炼教育目标

儿童身体锻炼的目标是指通过身体锻炼所要达到的预期目的。它揭示了身体锻炼影响儿童发展的预知变化，是儿童努力发展的方向，也是学前教育机构实施身体锻炼教育应完成的任务。身体锻炼的目标作为身体锻炼的出发点和归宿，直接影响着教师对身体锻炼内容的选择和编排，并由此影响着锻炼活动的过程、方法及环境和材料的布置和利用，也影响着身体锻炼活动的评价。具体包括以下几个方面。

1. 身体基本活动技能

（1）练习和改进儿童的走、跑、跳、钻爬、平衡、投掷、攀登等基本动作，帮助儿童掌握有关的粗浅知识，使其动作灵敏、协调、姿势正确。

（2）帮助儿童掌握参加体育运动时必需的最基本的技能和知识。

（3）培养儿童在体育活动中团结合作、遵守规则、宽容谦让、勇敢竞争、不怕挫折等良好品质。

（4）满足儿童运动、竞赛、表现等多种需要，逐步培养儿童对身体锻炼的兴趣和参加锻炼的习惯。

2. 基本体操练习

（1）促进儿童身体机能全面协调的发展，以利于儿童长成匀称的体型。

（2）交给儿童有关基本体操和队列、队形变化的简单知识和技能，逐步提高儿童的做操兴趣和能力，发展儿童的空间概念。

（3）让儿童坚持每天做操，培养儿童在冬夏季节不怕寒冷与炎热的意志品质，提高儿童机体对自然环境的适应力和对疾病的抵抗力。

（4）培养儿童在体操活动中做到协调一致、遵守纪律的优秀品质，增强集体观念。

满足儿童表现、模仿、审美等多种需要，培养儿童感受美、表现美的能力。

3. 提高身体素质练习

（1）提高儿童平衡、协调、速度、灵敏、柔韧、力量等身体机能。

（2）帮助儿童掌握身体素质练习必需的知识和机能，教会儿童利用各类体育器械、器材进行身体素质练习的方法。

（3）培养儿童独立地选择运动器材，创造性利用器材进行身体锻炼的能力，发展儿童活动的自主性、积极性和创造性；培养儿童谦让合作、爱护运动器材的良好品质。

（4）满足儿童身体活动、娱乐、表现、自主、独立等多种需要，有效地激发儿童对身体锻炼的兴趣，培养儿童活泼开朗的性格。

三、学前儿童健康教育各年龄阶段目标

各年龄阶段儿童的身心发展各有其典型特征。学前儿童健康教育年龄阶段目标就是以不同年龄阶段学前儿童的身心发展特征为依据而确定的健康教育目标。年龄阶段目标反映了不同年龄段儿童的目标要求的差异性，是对总目标的细化，又是制定具体活动目标的直接依据，可以

保证学前儿童活动的适宜性和发展性。

（一）0～3岁儿童健康教育目标

基于0～3岁儿童身心发展的特点和规律，对他们的教育必须与培养密切配合来进行，保教并重的教养方式是婴幼儿教育的基本原则。在保教工作中，应把儿童的健康、安全及养育工作放在首位，促进儿童生理与心理的和谐发展。下面，我们以《上海市0～3岁婴幼儿教养方案》为例，来熟悉0～3岁阶段儿童教养内容和要求。

新生儿

1. 自然睡眠，保持房间内空气清新、温度适宜。

2. 勤洗澡，勤换衣裤和尿布，保持皮肤清洁、干燥。

3. 接受适当的视听刺激，常听舒缓柔和的音乐声、玩具声和讲话声，常看会动的玩具和人脸等，适宜距离为15～30厘米。

1～3个月

1. 自然形成有规律的哺乳、睡眠，及时补充营养。

2. 在适宜时间内进行适量的户外运动和户外睡眠。

3. 提供便于抓握带声响的、色彩鲜艳，无毒卫生的玩具，练习俯卧抬头、目光追视、抓握、侧翻等动作。

4. 在逗引交流中，对亲近的人和声音产生反应，从微笑发展到大声笑，情绪愉快，培育母婴依恋亲情。

4～6个月

1. 睡眠时间充足，逐渐养成自然入睡、有规律睡眠的习惯。

2. 能扶着奶瓶吸吮奶、水，逐渐养成定时进食的习惯。

3. 在穿衣、盥洗中，乐于接受洗脸、洗手、洗屁股、洗澡。

4. 学习翻身和靠坐，主动伸手抓住玩具，并双手自玩。

5. 学习辨别亲近人的声音，转向发声的方向，用"咿呀"声与人交流。

6. 注视和学习辨别周围生活环境中的人、物和事。

7～12个月

1. 逐渐形成定时睡眠（白天睡2～3次，一昼夜睡13～15小时），自然入睡。

2. 逐渐提供各类适宜的食物，初步适应咀嚼、吞咽固体食物，尝试用杯喝水、用勺进食。

3. 配合成人为其穿衣、剪指甲、理发和盥洗等活动。学会坐盆排便，对大小便的语音信号有反应，有一定的排便规律。

4. 练习独坐、爬行、扶住行走、捏拿小物件，学会简单的模仿动作。

5. 模仿成人的发音，听懂简单的词，并做出相应的反应（如指认五官等）。

6. 用表情、动作、语音等回应他人。

7. 跟着音乐节律随意摆动身体。

13~18 个月

1. 按时起床、入睡，醒后不哭闹，情绪保持愉快（白天睡 1~2 次，一昼夜睡 12~14 小时）。

2. 自己用杯子喝水（奶），形成定时、定位专心进餐的习惯。

3. 饭前要洗手，饭后要擦嘴、喝水漱口。学用语言或动作表示大小便，并在厕所坐盆便溺。

4. 练习独立行走、下蹲、转弯、学着扶栏杆上下小楼梯等。

5. 尝试用喜、怒、哀、乐行为表达自己的情感。

6. 感知周围生活环境中的花草和树木、人和物，会指指认认。

7. 感受音乐节奏带来的快乐，跟着音乐做肢体动作，尝试涂涂画画。

19~24 个月

1. 有充足的睡眠时间（一昼夜睡 12~13 小时），睡前要脱衣裤。

2. 学用小勺自己进餐，口渴时喝水。

3. 在盥洗时学着使用肥皂、毛巾。在成人的帮助下学脱鞋子、裤子、袜子和外衣。

4. 练习自如地走、跑，双脚原地并跳，举手过肩扔球，叠高小积木，传大珠子，并学着收放玩具。

5. 经提醒与人打招呼，学着在同伴中玩耍、游戏。初步懂得简单是非，学着遵守规则。

6. 辨别周围环境中的常见物，对物体形状、冷热、大小、颜色、软硬差别明显的特征有初步的认知体验。

25~36 个月

1. 按时上床，安静入睡，醒后不影响别人，养成良好的睡眠习惯。

2. 用小勺吃完自己的一份饭菜，愿意吃各种食物，自主地用杯喝水（奶）。

3. 学用肥皂、毛巾自己洗手擦脸，主动如厕。

4. 学习自己穿脱简单的衣裤、鞋袜，自己洗脸、洗手等。

5. 练习钻爬、上下楼梯，学走小斜坡，体验到其中的乐趣，有初步的环境适应能力。

6. 逐渐适应集体生活，愿意亲近老师和同伴，淡化与父母的依恋，有初步的自我安全保护意识。

7. 学习对人有礼貌，不影响别人活动。

（二）幼儿园各年龄阶段儿童健康教育目标

幼儿园健康教育的年龄阶段目标是以小、中、大各年龄班学前儿童的身心发展的特征为依据而确定的健康教育活动目标，它对各年龄班儿童提出了不同层次的要求，也为具体活动目标的制订指明了方向。幼儿园健康教育的年龄阶段目标具体表述如下：

小班儿童健康教育目标

1. 了解盥洗的顺序，初步掌握洗手、刷牙的基本方法；学习穿脱衣服；会使用手帕和纸巾；养成坐、站、行、睡的正确姿势；能及时排便；有良好的作息时间。

2. 进餐时保持愉快的情绪，愿意独立进餐；认识最常见的食物，爱吃各种食物，主动饮水。

3. 了解身体的外形结构，认识并学习保护五官；能积极配合疾病预防与治疗。

4. 知道过马路、乘坐交通工具、玩滑梯、转椅等大型运动器械时要注意安全，了解日常生活中的安全常识。

5. 知道自己的性别。

6. 喜欢并愿意参加体育活动，能自然地走、跑、跳、投掷。

7. 初步学会听各种口令和信号并做出相应动作。

8. 能边念儿歌边听音乐节拍做模仿操或徒手操。

9. 初步掌握有关体育活动的知识、技能和规则，团结合作，爱护公物。

10. 能合作收拾某些小型体育器材。

中班儿童健康教育目标

1. 学习穿脱衣服、整理衣服；学习整理玩具，能保持玩具清洁；有初步的生活自理能力。

2. 帮助儿童进一步认识各类常见食物，在爱吃各种食物的同时，懂得要科学合理地进食，逐步形成良好的饮食习惯。

3. 进一步认识身体的主要器官，逐步形成接受疾病预防与治疗的积极态度和行为；在成人帮助下学习处理常见外伤的最简单的方法，知道快乐有益于健康。

4. 认识有关安全标志，能够在成人提醒下遵守交通规则；不接触危险物品；遇到危险时能告诉成人，有初步的自我保护意识。

5. 愿与父母分床而眠。

6. 喜欢并积极参加体育活动，能听各种口令和信号并做出相应的动作。

7. 能按节奏协调地走、跑和跳；能按要求投掷、抛接，能左右手拍球。

8. 能随着音乐节奏做徒手操和轻器械操；能注意活动中的安全与合作。

9. 具有及时收拾小型体育器械的能力。

10. 具有一定的抵御寒、暑、饥、渴的能力和抵抗疾病的能力。

11. 掌握有关体育活动的知识和技能，熟练掌握有关体育活动的最基本的规则。

12. 懂得在生活中互助合作、团结友爱、遵守规则、爱护公物，具有一定的集体意识。

大班儿童健康教育目标

1. 保护个人卫生，关心周围环境的卫生；进一步提高独立生活能力，初步养成良好的学习习惯。

2. 初步理解不同的食物有不同的营养，身体需要各种营养；会使用筷子；进一步养成独立进餐的习惯。

3. 进一步认识身体的主要器官及重要功能，并懂得简单的保护方法；了解有关预防龋齿及换牙的知识；注意用眼卫生。

4. 初步了解应付意外事故（如火灾、雷击、地震、台风等）的常识，具有粗浅的求生技能。

5. 知道男女厕所，初步具有性别角色意识。

6. 喜欢锻炼身体，热爱并积极参加体育活动，对体育活动有浓厚的兴趣。

7. 能轻松自由地走、跑、跳、攀登、翻滚；会肩上挥臂投掷轻物并投准目标；能抛接高球。

8. 能熟练地听各种口令和信号并做出相应的动作。

9. 能随音乐节奏合拍，动作有力、到位，有精神地做徒手操和轻器械操。

10. 能注意安全，自觉遵守体育活动规则。

11. 懂得在活动中要合作、负责、宽容、谦让、遵守规则，爱护公物，有较强的集体观念。

12. 不怕困难，勇敢坚强，能体验克服困难取得胜利后的愉悦。

13. 能独立或合作收拾各种小型体育器材。

四、制定学前儿童健康教育目标的依据

学前儿童健康教育是健康教育的基础，也是全面发展教育的重要组成部分，学前儿童健康教育目标对儿童的身心保健及和谐发展起到规范的作用，制定学前儿童健康教育目标应依据以下几个方面：

（一）学前儿童身心发展的特点和规律

学前儿童健康教育的目标依赖于学前儿童身心发展的特点和规律，只有充分把握学前儿童身心发展的现状及发展趋势，才能切实促进学前儿童的身心健康，只有立足于学前儿童健康教育发展的适宜目标，才有实践和实现的可能。《幼儿园工作规程》中指出："幼儿园教育工作要遵循儿童身心发展的规律，符合儿童的特点，注重个别差异，因人施教，引导幼儿个性的健康发展"。同一年龄段的儿童，由于遗传、环境、教育的影响有所不同，其身心发展特点必然表现出差异。因此，学前儿童健康教育目标的制定必须遵循儿童发展的一般性和特殊性规律，且具有时代性和可行性。

（二）学前教育和健康教育的总目标

学前儿童健康教育的对象是儿童，学前儿童健康教育又是健康教育的基础，因此，学前儿童健康教育的目标必须遵循学前儿童教育的总目标和健康教育领域的总目标。

1996 年颁布的《幼儿园工作规程》中第五条幼儿园保育和教育的主要目标是：

1. 促进幼儿身体正常发育和机能的协调发展，增强体质，培养良好的生活习惯、卫生习惯和参加体育活动的兴趣。

2. 发展幼儿智力，培养正确运用感官和运用语言交往的基本能力，增进对环境的认识，培养有益的兴趣和求知欲望，培养初步的动手能力。

3. 萌发幼儿爱家乡、爱祖国、爱集体、爱劳动、爱科学的情感，培养诚实、自信、好问、

友爱、勇敢、爱护公物、克服困难、讲礼貌、守纪律等良好的品德行为和习惯，以及活泼、开朗的性格。

4. 培养幼儿初步的感受美和表现美的情趣和能力。

1999 年颁布的《幼儿园教育指导纲要（试行）》中，健康活动领域的目标为：增强幼儿体质，培养健康生活的态度和行为习惯。身体健康，在集体生活中情绪安定、愉快；生活、卫生习惯良好，有基本的生活自理能力；知道必要的安全保健常识，学习保护自己；喜欢参加体育活动，动作协调、灵活。

上述幼儿教育及幼儿园健康教育的总目标是制定学前儿童健康教育活动目标的最直接依据，学前儿童健康教育目标有助于学前教育和健康教育总目标的整体实现，同时，学前儿童健康教育也是学前教育和健康教育的具体内容。

（三）社会发展与需求

不同的社会发展阶段以及不同的社会政治制度有着不同的教育目的，同时，不同国家的文化背景也使教育培养的人各具特色，所以说，教育产生于社会需要，并要服务于社会，特定的社会政治、经济、文化发展水平是制定教育目标的客观依据。

健康教育活动的目标既关注主体自身身心的和谐发展，又关注主体与环境关系的和谐。社会环境对人的思想、行为具有潜移默化的影响。学前儿童的接受能力较强，所以，社会发展与需求，是学前儿童健康教育目标确定的重要依据。学前儿童健康教育要积极适应现代社会发展需要，适时调整健康教育的目标和内容，以促进学前儿童身体、心理及社会性的和谐发展。

五、学前儿童健康教育目标的表述

学前儿童健康教育的总目标和年龄阶段目标都必须转化为一个个具体的活动目标，才能落实到学前儿童的发展中，真正得到实现。幼儿园健康教育的目标需要通过一定的表述方式加以展示，一般而言有三种表述方式：行为目标、表现性目标和生成性目标。

1. 行为目标

所谓行为目标，就是具体的可操作的教育教学目标，它指向教育教学过程结束后儿童所发生的行为变化。泰勒认为，行为目标有助于选择学习经验和指导教学，教育实践中，行为目标使教师更加清楚教学任务，更容易准确判断目标是否达成，可以作为学习效果评价的依据。行为目标的表述一般有如下句式："知道……""理解……""学会……""用自己的话来……""区分……""把……配对""对……进行分类"等等。但有时儿童对于健康的态度和情感很难在短时间内以可观察的行为预先确定。

2. 表现性目标

所谓表现性目标是指每一个学生在具体教育情境里种种"际遇"中所产生的个性化表现。教师们常常发现，儿童在具体的教育情境中的行为表现和得到的进步往往出乎意料，因此很难预先规定其发展变化的结果。表现性目标追求的不是儿童反应的同质性，而是反应的多元性。例如，大班心理健康教育活动"微笑"的目标之一："欣赏诗歌《微笑》，讨论愿为别人做什么

（让别人高兴）。"中班饮食营养教育活动"我们吃什么菜"的目标之一："参观农贸市场，说说喜欢吃的菜。"表现性目标对学前儿童活动及结果的评价是一种鉴赏式的批评，它不同于行为目标，无法追求结果与预期目标的一一对应关系。

3. 生成性目标

所谓生成性目标是指教育情境中随着教育过程的展开而自然形成的教育教学目标，它是教育情境的产物和问题解决的结果。生成性目标的本质是过程性，儿童可以对自己感兴趣的问题进行深入的探究，因而产生对结果的新的设计，"尝试……"是生成性目标较为典型的表达方式之一。但生成性目标在实践中是较难确定的，因为有时无论教师还是儿童都不知道学习什么是最好的或是最合适的。

第二节 学前儿童健康教育的内容

一、学前儿童健康教育的内容

学前儿童健康教育的主要内容包括生理健康教育和心理健康与社会适应性教育两大方面。

学前儿童健康教育的内容

（一）生理健康教育方面

1. 人体认识与保护教育

① 认识人的身体（内部和外部）一些主要器官及其功能，感受和体验到人体的奇妙，学习保护身体的一些方法，逐步建立关心、保护身体健康的意识。

② 知道预防疾病和治病是保护身体健康的一个重要方面，能愉快地接受身体健康检查和预防接种。

③ 懂得快乐有益于健康，学习积极愉快地参加各项活动。

2. 体育锻炼与健康教育

① 培养参加体育活动的兴趣和积极参加体育锻炼的习惯，促进身体发育，增强体质。

② 身体活动的知识和技能，包括走、跑、跳、钻爬、投掷平衡、攀登等基本动作及有关知识。

③ 基本体操练习和队形队列练习，包括儿童基本体操、徒手体操、轻器械操、口令、

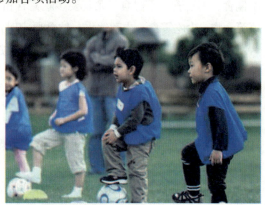

信号与动作、队列队形变化等。

④ 身体素质练习，包括速度、耐力、力量、平衡、协调、灵敏、柔韧等身体机能练习的有关知识和技能。

⑤ 利用周围的自然和社会环境组织各类活动和游戏，如打雪仗、堆雪人、滑冰、玩水等。

⑥ 具有地域特色的民族民间体育活动与游戏，如荡秋千、打陀螺、滚铁环、踩高跷、抖空竹、跳竹竿等。

3. 个人卫生与生活习惯教育

① 个人卫生习惯：讲究个人卫生，养成勤洗手、勤洗头、勤洗澡和勤换衣服、勤剪指甲、勤理发；早晚刷牙、饭后漱口、不挖鼻孔、不将异物塞入耳鼻内等清洁卫生习惯。

② 生活自理习惯：自己盥洗、穿脱整理衣服鞋袜、吃饭、收拾整理玩具和用具等生活自理能力和习惯。

③ 良好的作息时间习惯：按时睡眠，定时定量饮食及大小便、盥洗，养成每天参加体育锻炼和户外活动等有规律的生活习惯，一日生活有规律性。

④ 学习卫生习惯：养成良好的阅读、绘画、写字、唱歌等习惯，坐、站、行、睡姿正确，注意用眼卫生，保持书籍、文具和玩具的清洁，养成自己整理活动用具的习惯。

⑤ 关心周围环境卫生的习惯：爱护周围环境，了解环境污染对人的危害及保护环境的重要性，养成关心和自觉保护周围环境卫生的习惯。

4. 饮食与营养教育

① 学会正确使用勺子、筷子等餐具用餐，不浪费食物，保持桌面、地面清洁。

② 认识一些常见食物，喜欢吃各种食物，初步了解常见食物的营养价值。

③ 平衡营养，合理膳食，知道应该食用各种食物，不偏食、不挑食、不过食；尤其要多吃富含粗纤维的蔬菜等食物；少吃零食，主动饮水，饮食要定时定量。

④ 进餐习惯良好，如饭前洗手、正确使用餐具、保持桌面和地面清洁、不乱吃零食和多饮用冷饮；进食定时定量、细嚼慢咽、不能边吃边说笑等等。

5. 自身安全保护教育

① 了解及遵守日常生活中的安全常识与规则，过马路、乘坐交通工具、玩大型运动器械时注意安全。

② 认识常见的安全标识，遵守交通规则，学习自我保护的方法。

③ 了解应对意外事故和伤害（如火灾、雷击、地震、台风、异物入体、走失等）的常识，具有基本的求生技能，知道初步的自救和向成人求救的方法。

④ 保护身体、爱护五官，不将异物塞入耳鼻内等。

（二）心理健康与社会适应性教育

1. 培养社会交往能力

① 学习感知和理解他人的情感。学会用语言和非语言的方式安慰、同情、鼓励、谅解他人，对他人的情绪情感能做到和谐适度的反应。

② 学习轮流分享、合作互助的技能。培养儿童学习、分享同伴玩具、食品、快乐的技能；在生活和游戏中学会合作互助，乐于助人，自己有困难会请求帮助。

③ 有初步的公平竞争的意识和行为。在竞赛性活动中，逐步理解公平竞赛的含义，正确对待输赢，并懂得要通过努力获得成功。

④ 正确认识、评价和调节自我。能达成与同伴及周围其他人、现实环境的协调和适应。

⑤ 懂得基本的生活礼节。见面、道别要使用礼貌用语；知道称呼、问候他人；学会做客、待客、恭贺喜事、拜访答谢等基本礼节。

2. 学习表达和调节自己情绪的方法

① 学会合理地疏导不良情绪，懂得保持积极愉快的情绪有益于身心健康。明确只有合理的需要和目的才能得以满足或达成。

② 学会用语言和非语言（神态、表情、动作等方式）表达、调节积极和消极的情绪。

③ 培养儿童控制、调节情绪的能力。学会用自我说服、诉说、注意转移、忘却、宽容等方法调节情绪；学习合理宣泄愤怒、畏惧、忧虑、委屈、厌恶等消极情绪；学会表达成功后愉快与欣喜的感受。

儿童歌曲
《对不起，没关系》

3. 锻炼独立生活和学习的能力

在日常生活中学会独立自理，自己的事情自己做，不依赖他人；在学和游戏中能独立思考并解决问题，能独立操作并完成任务；帮助儿童体验独立自主获得成功的愉快情感，培养良好的个性心理品质。

4. 性教育

① 帮助儿童正确认同自己的性别。正确而恰当的性别认同，有利于儿童更好地适应社会生活，形成健康的性心理。

② 科学简洁的性知识。对儿童提出的性问题要自然、简洁、科学地回答，而不必讳莫如深，淡化儿童心理的神秘感，让他们懂得性别差异是自然的事。

③ 正确处理学前儿童间的交往。要让孩子与同龄的同性和异性孩子一起游戏玩耍，培养孩子与同龄人相处的自然而健康的态度，建构健康的人格。

④ 纠正玩弄生殖器和大腿摩擦的不良习惯。

5. 学前儿童心理障碍和行为异常的预防

学前儿童心理障碍和行为异常的预防工作分三级。第一级，即病因预防，从根本上消除学前儿童心理问题行为产生的原因，预防问题行为的发生。第二级，早期发现问题及时干预，防止疾病的进一步发展。第三极，为了疾病的康复，减少复发和残疾程度，尽量恢复病儿的生活自理能力。为能及早发现并及时预防学前儿童心理障碍和行为异常的发生和发展，我们要作好以下几方面的工作：

① 培养学前儿童的自尊、社会性和自主性。

② 家庭成员要创造温馨和谐的家庭氛围，教养态度要一致。

③ 父母和教师要树立科学的儿童教育观，创设和谐的教育环境，促进儿童的心理的健康成长；加强自我心理卫生保健，提高自身的心理素质，以健康的人格影响孩子。

④ 幼儿园要重视儿童的问题性教育，提高其心理素质和能力，开展心理辅导（人格辅导、学习辅导、生存辅导），促进学前儿童心理健康。

沙盘实验

二、学前儿童健康教育内容选择的依据

健康教育是学前儿童全面发展教育的重要组成部分，为了确保儿童健康教育能取得预期的教育效果，在选择和组织健康教育内容时，应该重点参考以下依据：

（一）健康教育内容与学前儿童健康教育目标相适应

学前儿童教育内容的选择应该根据教育目标，教育目标要以教育内容为依据才能得到落实。事实上，学前儿童健康教育的目标已经界定了学前儿童健康教育的内容，并提出了内容的要点。学前儿童健康教育的目标是选择学前儿童健康教育内容的基准。

例如，教育目标中提出要培养学前儿童不偏食、不挑食的良好饮食习惯，为此就要选择各类食物让学前儿童认识和品尝，使学前儿童喜欢吃各种各样的食物，知道各种食物与人体健康的关系。再如，对小班初入园儿童，教师制订并提出了"情绪稳定，对幼儿园环境有兴趣和愿意与同伴交往并参加本班的活动"的培养目标，在教育内容的选择上，应紧密围绕目标，可以选择木偶表演《乖宝宝上幼儿园》、参加幼儿园各项活动、学习歌曲《我上幼儿园》等内容。值得注意的是，教育者在选择健康教育内容时，一是要选择与学前儿童行为发展目标相匹配的内容；二是相同的健康教育目标可以选择不同的健康教育内容，实现同一健康教育目标下健康教育内容的多元化。

（二）健康教育内容与学前儿童身心发展及生活经验相关联

学前儿童健康教育内容的选择还要与儿童身心发展及生活经验相适宜，任何背离儿童身心发展规律的目标最终都无法达成。儿童身体各器官各组织的发育还不成熟，功能不完善，心理正处于发展阶段，思维水平相对较低，因此，在选择幼儿园健康教育内容时，应考虑儿童身心发展的水平以及儿童现有的生活经验，针对儿童的健康状况及其发展趋势，儿童才会感兴趣，教育效果也比较理想。例如，针对儿童中存在的肥胖、消瘦、任性、胆小、尿裤等现象，教师要选择有关内容，进行有的放矢的教育。又如，大班的儿童普遍出现换牙现象，教师可设计"换牙了"健康教育活动，通过这个教育活动，儿童既可以理解换牙的生理意义，还可以了解换牙卫生，教育效果突出。此类教育内容只能在大班进行，如果放在小班，则意义不大，效果也不好。当然，同样的健康教育内容也可以在不同年龄班开展，但其教育目标和对儿童的具体要求不一样，教师应该根据儿童的年龄特点和个体差异，选择适宜的教育内容。

（三）健康教育内容要为学前儿童一生发展服务

健康教育内容要体现终身教育的理念。教育的根本目的是使儿童能够一生持续地学习，有尊严地、有质量地生活，不仅是未来的生活，也包括现实的生活；是为了让他们能够为自己所处的环境做出充分的贡献，并且有能力把握自己的人生。教育应围绕四种学习加以安排：学会认知，即获得理解的手段；学会做事，以便能够对自己所处的环境产生影响；学会共同生活，以便与他人一道参加活动并在这些活动中进行合作；学会生存，这是前三种学习成果的主要表现形式。

《纲要》明确指出："幼儿园教育是基础教育的重要组成部分，是我国学校教育和终身教育的奠基阶段，"它应为"幼儿一生的发展打好基础"。学前儿童健康教育应符合《纲要》的要求，精选"为幼儿一生的发展打好基础"的内容，不能只重视眼前的效果、短期效益。例如，开展"爱护牙齿"的健康教育活动，有些教师更热衷于教孩子学习《刷牙歌》，不重视刷牙技能的获得和行为、习惯的养成，而从健康教育的角度来讲，后者对孩子终身的发展更为有益。再如，有些小班教师或保育员为了完成带量食谱规定的进食量，不顾幼儿感受，大声呵斥幼儿加快进餐速度，更有甚者，强行一匙一匙地塞饭，导致幼儿害怕吃饭，厌食，甚至不愿意上幼儿园，但教师却振振有词，认为孩子不吃饭会影响健康，这样做是为了孩子好。教师只注重身体保健，忽视了心理健康，殊不知，因此而导致的后果更加严重。

（四）健康教育内容要与时俱进

学前儿童健康教育的内容应紧密联系当前实际，具有时代性。我国著名教育家陶行知先生主张："生活即教育，社会即学校"，学前教育不能局限于狭小的教室里，儿童生活的大自然、大社会都可以作为学前教育的场所、范围和内容。教育内容应该来源于生活，服务于生活。我国著名的幼儿教育家陈鹤琴先生提出"活教育"理论，指出"活教育"的目的就是在"做人、做中国人、做现代中国人"。强调"大自然、大社会，都是活教材……（教育内容应该）生气勃勃"。当前社会发展迅速，新生事物层出不穷，在学前儿童健康教育内容的选择上，应体现一定的时代性，与时俱进，和学前儿童当前生活紧密结合，例如，目前，手机已经普及到每个家庭，儿童非常熟悉，教师在开展学前儿童安全自我保护教育时，完全可以将"使用手机求救"列入教育内容。又如，利用儿童熟悉的"喜洋洋与灰太狼"故事进行体育健康教育活动。

三、实施学前儿童健康教育应遵循的原则

（一）整合性原则

幼儿园的健康、语言、社会、科学、艺术五大领域只是对学前儿童教育内容的一种相对划分，儿童的发展是整体的、和谐的，各发展领域是相互关联、不可分割的。《纲要》要求："教

育活动内容的组织应充分考虑幼儿的学习特点和认识规律，各领域的内容要有机联系，相互渗透，注重综合性、趣味性、活动性、寓教育于生活、游戏中"。"幼儿教育是以 3~6 岁的幼儿作为对象的教育，幼儿的身心发展特点和学习特点决定了幼儿教育必须是整体性的教育，幼儿教育需要高度的整合"。

在开展学前儿童健康教育时，应该具有整合的观念，不可人为割裂有益于儿童发展的整体性经验。

1. 活动内容的整合

①健康领域内部整合。将学前儿童身体保健的内容与心理健康的内容整合；将身体保健内容与安全教育内容整合；将安全教育内容与体育锻炼整合；将饮食营养教育与日常健康行为教育整合等。

②健康领域与其他领域内容整合。与科学领域内容整合，例如，在认识自己的身体时，激发儿童探索身体奥秘的科学精神；与语言领域活动整合，例如，开展语言活动，能有效地促进儿童与人交往能力和健全人格的形成；与社会领域整合，能增进儿童的自信心、自尊心；与艺术领域整合，例如，画画时，要保持正确姿势，唱歌时，要注意保护发音器官。

2. 整合幼儿园、家庭、社会力量，共同开展教育

《纲要》指出："幼儿园应与家庭、社区密切合作，与小学相互衔接，综合利用各种教育资源，共同为幼儿的发展创造良好条件。""家庭是幼儿园重要的合作伙伴。应本着尊重、平等、合作的原则，争取家长的理解、支持和主动参与，并积极支持、帮助家长提高教育能力。""充分利用自然环境和社区的教育资源，扩展幼儿生活和学习空间。幼儿园同时应为社区的早期教育提供服务。"学前儿童健康教育活动应该汇集幼儿园、家庭、社会等各方资源，形成教育合力，共同促进儿童健康发展。

（二）日常化原则

陈鹤琴先生认为："儿童离不开生活，生活离不开健康教育；儿童的生活是丰富多彩的，健康教育也应把握时机"。日常化原则就是把幼儿园健康教育活动融于儿童的每日生活之中，持之以恒，避免"三天打鱼、两天晒网"的现象。在具体落实这一原则时应注意：

1. 幼儿园身体保健教育活动

它应贯穿在每日的日常生活活动之中，并注意随机教育和个别教育。例如，园内设置警示标志、自来水龙头旁的洗手图示、进餐时讲解营养、绘画时学习正确的坐姿、户外活动荡秋千时学习保护自己等等。要充分认识到实施健康教育仅仅依靠"上健康课"（尽管这是不可或缺的教育形式）是无法达成真正的儿童健康教育目标的。

2. 身体锻炼活动

①保证儿童每日户外体育活动时间不得少于两个小时。只有每天坚持不断地进行锻炼活动，才能促进儿童身体的正常发育和技能的协调发展，增强身体素质。每天适当的身体锻炼还能适应儿童好动的特点，满足儿童运动、娱乐、表现、交往等身心各方面的需要，促进儿童心

理和社会性的健康发展，并实现锻炼身体的真正目的。

②根据动静交替的原则合理安排儿童的一日生活。一日生活如果安静活动过多，则容易导致神经细胞的疲劳；而一日活动之中，如果身体运动过多，时间过长，就会导致机体过度疲劳，从而影响效果。因此根据大脑皮质镶嵌式原理，合理安排一日生活应做到动静交替，有利于保护儿童的身心健康和谐发展，并提高儿童的身体锻炼的效果。

（三）发展性原则

学前儿童健康教育不仅要为儿童的现实发展负责，同时更要为儿童的终身发展担负责任，应使每个儿童在原有水平上得到发展。贯彻发展性原则时要注意：

1. 学前儿童健康教育目标的制定、内容的选择，要考虑略高于儿童现有水平，同时又是儿童经过努力可以完成的；

2. 要注重个别差异。活动的组织，以小组、个别活动为主，集体活动为辅，从而加强对个别儿童的指导，实现每个儿童的发展；

3. 学前儿童健康教育还要考虑到要为儿童的终身发展负责，不能只顾眼前学到了什么或眼前是否快乐。例如，只强调健康技能的学习，却使儿童丧失了学习的兴趣和进行创造性学习的愿望，只注重自由快乐的气氛，却使一些儿童养成了无所事事、懒惰散漫的坏习惯。学前儿童健康教育要尽量结合儿童终身发展的需要来设计活动内容。

（四）适量的运动负荷原则

适量的运动负荷原则是指组织学前儿童进行锻炼时，教师应合理地安排和调节儿童身体练习时身体和心理所承受的负荷量，保证儿童运动后取得超量恢复的最佳效果，以促进儿童身体机能能力的提高，达到增强体质的目的。这既是人体机能适应性规律的要求，也是人体生理机能能力变化规律的要求。

贯彻适量的运动负荷的原则时应注意：

1. 要根据身体锻炼的内容、运动项目的特点及儿童年龄的差异，合理地确定身体锻炼时的"量"，包括练习的距离、练习的人数、练习的时间和间隔时间、持续运动的总时间、练习的密度、活动的强度等。一般要求"强度小些、密度大些、时间短些、节奏快些"，以有助于身体锻炼保持合理的负荷。

2. 人体生理机能变化的规律揭示：人体在开始运动时，能力逐步上升，然后达到并在一定时间内保持最高水平，最后逐渐下降，形成一个上升—稳定—下降的规律。因此，在安排运动负荷时，要注意使身体运动量逐步上升，并在活动结束时逐渐下降。

例如，在编操时，一般由活动量较小的头颈部动作开始，逐步由上肢、扩胸、转体、腹背运动过渡到活动量较大的全身和跳跃动作，最后是放松和整理动作。在其他类型的身体锻炼中，一般在开始部分做一些活动量不大的身体活动或开展一些活动量不大的游戏，这样既可克服身体器官系统的惰性，提高其活动能力，又可避免因活动量过大而过早的导致儿童身体疲劳。在中间部分，一般可安排运动难度和强度较大的身体练习，使运动量增加，并出现适宜生理负荷的高峰。在结束部分，一般可安排走步、活动量较小或较安静的游戏，或做一些模仿性动作和有利于肢体放松的体操、律动、简单的舞蹈等，使活动量逐渐下降。

3. 教师要注意合理地安排和调节儿童的心理负荷。一般在一次身体锻炼活动中，要注意新旧内容的合理搭配，避免因为新授内容过多而造成认识负荷过大。新授内容的难度要适中，活动中对儿童提出的要求要合理，以防止不合理的意志负荷。在安排活动时，其前半部分可以安排认识负荷较大的内容，后半部分可安排兴趣大、活动较激烈的内容或形式，使情绪负荷达到高峰，要避免因情绪高潮出现过早而影响后面活动的顺利开展。此外，教师要注意自己的教态和教法，努力用自身积极的情绪、饱满的精神，富有兴趣和启发性的讲解及准确、优美的动作示范去感染和激发儿童的积极情绪。尊重和热爱儿童，以鼓励表扬为主，不恐吓和随意排斥儿童。

4. 在组织指导时，教师要注意精讲多练。严密安排好身体锻炼的组织环节，避免过多的排队及不必要的掉队等。克服因器材少、活动内容贫乏或分组太少而导致的等待时间过长的弊病。要注意讲练结合、动静结合，避免活动量过大。要善于调动儿童参与身体锻炼活动的主动性和积极性，严格控制活动过度的儿童，使他们运动适度，避免身体疲劳。

另外，教师应注意根据儿童体力的状况，实施区别对待，既有一般要求，又要注意因人而异。同时，根据季节、气温、营养、卫生等条件灵活安排活动量。例如，天冷时，一般活动量可大一些。

5. 要利用测心率和观察儿童在活动中的表现等方法，了解运动负荷是否合理，以便灵活地调节活动的过程和方法。在活动中，心率在每分钟130~160次左右是比较合理的运动负荷的参考数据。面色稍红，汗量不变，呼吸中速、较快，动作协调、准确，注意力集中、反应快，情绪愉快，这些都表明儿童处于轻度疲劳状态。这时结束活动，能获得比较适宜的运动负荷。

（五）趣味性原则

学前儿童的活动带有情绪性色彩。儿童之所以进行某一活动，大多数是由于对此活动感兴趣，没有兴趣的活动对儿童是没有意义的。教师为学前儿童设计的健康教育活动应是儿童具有自发兴趣的，或者经过教师的努力，儿童可以感兴趣的活动。在设计活动时，教师应该努力使健康活动的每个环节充满趣味，易引起学前儿童浓厚的学习兴趣，激发学前儿童强烈的学习欲望，使学前儿童在愉快的气氛中，带着愉快的心情，全身心地投入到活动中。

1. 设计学前儿童健康教育活动时，教师应该选择符合儿童特点，儿童感兴趣的内容，以引起学前儿童对活动的直接兴趣。

2. 设计学前儿童健康教育活动时，要根据学前儿童的特点和实际需要，灵活选择活动的方式和方法，恰当地运用直观手段和电化手段，以培养学前儿童对活动的间接兴趣。

3. 以游戏的形式开展学前儿童健康教育活动。游戏是儿童喜爱的、主动的活动，是儿童自愿参加的活动。儿童在游戏活动中能满足需要，获得愉悦的情绪。游戏探索也是儿童的一种特殊的学习方式，把学前儿童健康教育寓于游戏活动中，有利于增强活动的趣味性。

【议一议】

活动主题：换牙我不怕

小丽在一个星期一的早晨既兴奋又委屈地告诉老师："昨天我到医院去拔牙齿了，我妈妈不敢拔，医生给我拔的时候我哭了，还流血了。"话中似乎还有牙齿痛的感觉，用手捂着小脸，手里拿着用餐巾纸包着的掉下来的牙齿，一脸的委屈。站在旁边的哲哲说："牙齿换掉了，没什么可怕的。老师，我换了4颗牙齿了，有点痛有点酸，但是我不哭。"还没有换牙的康康则指着自己的门牙说："我的这颗牙在动了，老师，什么时候可以换了？"

1.请结合上述案例背景确定活动目标，选择教育内容。

2.结合案例谈谈如何让幼儿理解"换牙"这一正常生理现象？

【练一练】

一、填空题

1.学前儿童健康教育分类目标依据其性质和特点可分为（　　　）和（　　　）两大方面。

2.学前儿童健康教育目标的表述方式一般为（　　　）、（　　　）、（　　　）。

二、选择题

1.愿意与父母分床而眠是我国幼儿园健康教育年龄目标中的（　　　）阶段。

 A.小班   B.中班   C.大班   D.0~3岁

2.了解盥洗的顺序，初步掌握洗手、刷牙的基本方法；学习穿脱衣服；会使用手帕和纸巾是我国幼儿园健康教育年龄目标中的（　　　）阶段。

 A.小班   B.中班   C.大班   D.0~3岁

3.以具体的可操作的行为来进行陈述的教育目标是（　　　）目标。

 A.活动目标 B.生成目标 C.表现性目标 D.行为目标

【讲一讲】

为幼儿园的大、中、小班各确定一个健康教育活动的目标，选择教育内容，并说明理由。

第三单元　学前儿童身体保健教育

单元介绍

　　《纲要》明确指出：幼儿园必须把保护幼儿的生命和促进幼儿的健康放在工作的首位。幼儿园进行身体保健教育活动，就是为了更好地保护幼儿的生命与促进幼儿的健康成长，使幼儿能主动关注自己的健康，保护自己的生命，珍爱自己的生命。

　　学前儿童身体保健教育是以保护和促进学前儿童身体的正常生长发育、增进健康、培养学前儿童初步的健康意识和自我保健能力为目的的所有的教育活动。健康的身体是学前儿童身心全面和谐发展的基础，直接影响着学前儿童智力品质、道德品质以及心理素质和能力的发展。本单元主要介绍学前儿童身体保健教育的目标和内容、学前儿童身体保健教育需要注意的问题以及学前儿童易患的几种疾病和预防的方法。

学习目标

◎ 了解学前儿童身体保健教育的内容
◎ 理解学前儿童身体保健教育的目标
◎ 掌握学前儿童身体保健教育应该注意的问题
◎ 掌握学前儿童易患身体疾病的表现及预防

第一节 学前儿童生活常规教育

自己动手吃饭（小班）

潇潇是个活泼开朗的小男孩。潇潇在家吃饭从来不动手，就是等着爷爷奶奶来喂他，不喂他他就宁愿饿肚子。于是我想个办法改变潇潇的这一行为。今天我看见他旁边的小朋友在大口大口地吃饭，可是潇潇就看着这份饭菜一动不动，突然我看到了眼前的旺仔小馒头（潇潇非常喜欢的零食），于是我就跟他说："你今天自己吃饭我就奖给你小馒头。"他犹豫了一下，点点头。

思考：针对潇潇这个孩子的现状，作为教师和家长应该如何去做？

评价分析：根据小班的年龄特点，大部分孩子在家都养成了衣来伸手，饭来张口的习惯。刚离开家人的照顾，很多幼儿还不是很适应。作为教师的我们应该正确理解幼儿的行为，然后根据问题的情节严重程度给孩子一个慢慢纠正的过程，千万不能批评，这样会影响幼儿进餐的食欲。在盛饭菜的时候请老师注意不要一次性盛得过多，给幼儿自己体会自己吃完饭的成就感。事后也要和家长多交流、沟通，以便家园一致，促进孩子的进步。

所思所悟：现在的幼儿都在优越的条件中长大，这些行为习惯的养成不得不让人感慨。我们要组织家长学校、家长开放日或者家园联系栏，告诉家长几个有效的方法，如：学小兔、大嘴宝宝等，让家长也鼓励孩子自己吃饭；告诉家长孩子自己吃完时要及时给他表扬，如小红花等。希望在家长和幼儿园的一起努力下，让孩子慢慢养成自己吃饭的良好习惯，当然也适当改变幼儿的挑食习惯。

学前儿童生活常规教育是以学前儿童为主体，以他们的生活实践活动为主要内容，以保教结合为手段，通过日常生活、教学、游戏的途径，开展有计划、有目的、有组织的教育活动。幼儿园一日生活常规要求是在入园、盥洗、喝水、进餐、户外活动等环节中对学前儿童提出的要求，其目的在于帮助学前儿童懂得生活的基本知识、规则和技能，形成良好的生活习惯和健康的生活方式。

一、学前儿童生活常规教育的目标

（一）总目标

让学前儿童懂得生活的基本知识、规则和技能，形成乐观的生活态度，培养良好的生活习惯和生活自理的初步意识和能力，形成健康的生活方式，从而提高生活质量，促进身心的健康发展。

（二）年龄阶段目标

1. 小班目标：爱清洁、讲卫生；知道粗浅的个人卫生保健常识，能配合成人预防和治疗疾病；有独立做事的愿望，生活卫生习惯良好，有基本的生活自理能力。

2. 中班目标：培养良好的作息时间，睡眠习惯、饮食习惯、进餐习惯、排泄习惯、整理习惯等，养成健康、科学、文明的生活习惯；能够做到自己的事情自己做，具有一定的生活自理能力；帮助儿童掌握初步的卫生常识和基本技能，逐步提高他们的生活自理能力。

3. 大班目标：具有基本的良好个人卫生习惯，注意保持和参与周围生活环境卫生清洁；具有较强的生活自理能力，学会使用易于操作的、简单的工具，喜欢做力所能及的事和简单的劳动；知道和理解一些必要的健康常识。

二、学前儿童生活常规教育的内容

使学前儿童懂得有规律的生活有益于健康的道理，能自觉遵守作息时间和生活制度，学习生活的基本技能，培养生活自理能力包括吃饭、穿衣、洗脸、刷牙、收拾整理物品等生活技能；培养学前儿童良好的生活卫生习惯，生活习惯包括主动与他人问好、讲文明、懂礼貌、不浪费水等，卫生习惯包括饭前便后洗手、饭后漱口、早晚刷牙、定时排便、不乱扔垃圾，爱护公共卫生等。

以下是幼儿园各个环节的常规要求，教师在执行过程中应根据班级学前儿童的年龄特点和实际情况加以调整。

（一）入园

1. 入园时主动向周围的人问好，愉快地接受晨检。

2. 在成人的指导下整理好自己的物品。

3. 入园后安静地玩玩具或看书，能够及时表达自己的需要和想法。晨间活动结束后，自觉将玩具、图书放回原处。

4. 如果当天是值日生，应提前到园，主动帮助教师整理活动室。

（二）喝水

1. 喝水前自觉洗手。

2. 按要求接适量的水，安静地把水喝完。

3. 用个人专用水杯喝水，喝完水把水杯放到原来的位置。

4. 能够定时喝水，有需要时能够主动喝水。

5. 剧烈运动后稍事休息再喝水，饭前饭后半小时少喝水。

（三）进餐

1. 餐前自觉洗手。

2. 用餐时坐姿端正,左手扶碗,右手拿勺筷。

3. 细嚼慢咽,饭、菜搭配着吃,不吃汤泡饭。

4. 愉快、认真地进餐,不边吃边玩,不大声讲话。

5. 不撒饭菜,保持桌面、地面、衣服干净。用餐后将骨头、残渣放到盘子里。

6. 将餐具放到指定地点,清理好自己的桌面。

7. 餐后擦嘴并漱口。

（四）盥洗

1. 有秩序地盥洗,不拥挤,不打闹,不玩水,保持衣服、地面干爽。

2. 饭前、饭后、便后或手脏时,能自觉用正确的方法洗手,洗手后用自己的毛巾将手擦干,挂好毛巾。

3. 饭后、加餐后及时漱口。

（五）如厕

1. 有大小便时主动如厕。

2. 逐步做到大小便自理,能自己脱裤子,能自己擦屁股。

3. 解便入池,解便时不弄湿自己和同伴的衣裤。

4. 便后冲水,整理服装,用肥皂洗手。

5. 大、小便有异常情况时主动告诉老师。

（六）午睡及起床

1. 安静地走入睡眠室,有序地脱下鞋子、外衣。衣服折叠整齐,摆放到指定地点。

2. 能配合教师做好午检。

3. 睡觉时姿势正确,不蒙头睡,不趴着睡,有大小便会自己上厕所。

4. 起床后,先穿好衣服,最后换好鞋子。

5. 逐渐学习整理床铺。

（七）活动区活动

1. 主动选择自己喜欢的玩具或活动。

2. 遵守游戏规则,爱惜玩具材料。

3. 活动后将玩具材料分类摆放整齐。

（八）教育活动

1. 活动中保持坐姿端正，专心倾听别人讲话，不随便插话，积极思考并大胆表述自己的想法。

2. 正确操作学习用具材料，操作完后放回指定地点并摆放整齐。

3. 写字、画画时姿势正确，上身与桌子保持适当的距离，双脚自然平放，上身不歪斜，眼物距离适当，握笔姿势正确。

4. 搬椅子时一手握椅背，一手托椅身，轻拿轻放，尽量不发出声音。

（九）户外活动

1. 活动前整理好自己的着装。

2. 懂得有序上下楼梯，不推不挤。

3. 做操时，听到做操音乐迅速排好队，认真做操，眼睛看老师示范，动作到位。

4. 器械活动时，正确使用活动器械，不争不抢，按活动规则安全活动。

5. 活动中有自我保护意识，身体不适时能主动告诉老师。

（十）离园

1. 离园前，整理好自己的仪表、物品，把椅子放在指定的地方。

2. 离园时能主动跟老师、小朋友说"再见"，跟家长一起离开幼儿园。

幼儿园一日活动

 相关链接

《3~6岁儿童学习与发展指南》中幼儿生活与卫生习惯以及生活自理能力的目标。

具有良好的生活与卫生习惯

3~4岁	4~5岁	5~6岁
1. 在提醒下，按时睡觉和起床，并能坚持午睡。 2. 喜欢参加体育活动。 3. 在引导下，不偏食、挑食。喜欢吃瓜果、蔬菜等新鲜食品。 4. 愿意饮用白开水，不贪喝饮料。 5. 不用脏手揉眼睛，连续看电视等不超过15分钟。 6. 在提醒下，每天早晚刷牙、饭前便后洗手。	1. 每天按时睡觉和起床，并能坚持午睡。 2. 喜欢参加体育活动。 3. 不偏食、挑食，不暴饮暴食。喜欢吃瓜果、蔬菜等新鲜食品。 4. 常喝白开水，不贪喝饮料。 5. 知道保护眼睛，不在光线过强或过暗的地方看书，连续看电视等不超过20分钟。 6. 每天早晚刷牙、饭前便后洗手，方法基本正确。	1. 养成每天按时睡觉和起床的习惯。 2. 能主动参加体育活动。 3. 吃东西时细嚼慢咽。 4. 主动饮用白开水，不贪喝饮料。 5. 主动保护眼睛，不在光线过强或过暗的地方看书，连续看电视等不超过30分钟。 6. 每天早晚主动刷牙，饭前便后主动洗手，方法正确。

具有基本的生活自理能力

3~4 岁	4~5 岁	5~6 岁
1. 在帮助下能穿脱衣服或鞋袜。 2. 能将玩具和图书放回原处。	1. 能自己穿脱衣服、鞋袜、扣纽扣。 2. 能整理自己的物品。	1. 能知道根据冷热增减衣服。 2. 会自己系鞋带。 3. 能按类别整理好自己的物品。

三、学前儿童常规教育活动注意的问题

（一）关注儿童需要，促进情感发展

学前儿童因其家庭成长背景和生活经验的差异，导致每个儿童都有自己的个性。教师应该用一颗慈母般的爱心去关爱儿童，使儿童真正感受到教师也像自己的妈妈一样关爱、体贴他，幼儿园也像自己的家里一样温暖、安全。教师平等地对待每一位儿童，不仅是生理上的，更应是心理情感上的需求。教师要尊重每一位儿童，满足其归属和爱的需要，从而培养儿童健康的心理，促进儿童的情感发展。

（二）从实际出发，关注个体差异

教师在组织学前儿童生活常规教育活动时，要从学前儿童年龄特点出发，循序渐进地实现《幼儿园教育指导纲要（试行）》的有关要求，不能操之过急。如对小班儿童培养生活卫生习惯和独立生活能力时，要着眼于"教"。教师要以极大耐心，不厌其烦地采取多种形式，示范并结合具体讲解指导，通过游戏进行练习，重点放在儿童学会技能上。对中班，则在小班基础上，着眼于"形成行为习惯"，可较多利用语言进行督促、检查、表扬和批评。对大班，则要在提高认识的基础上要求其"自觉"。

在指导学前儿童生活常规教育活动时，还必须关注儿童之间的个别差异。这些差异除了受家庭或幼儿园的教育影响外，还受到体质的好坏、智力发展状况、精神状况和意志性格等因素的影响，教师必须予以重视，区别对待。

（三）建立生活常规，培养良好习惯

生活常规就是幼儿必须遵守的日常生活规则。它是幼儿园为了使幼儿的生活内容丰富而有规律，调动幼儿在一日生活中的主动性和积极性，培养自主性和独立性而采取的措施。从幼儿入园的第一天起，就应该根据儿童的能力提出相应的要求，以后循序渐进，逐步提高要求。向儿童提出要求时，要注意做到内容具体、明确，语言通俗易懂、简练，适合儿童的年龄特点，并且要不断地鼓励儿童，让儿童在遵守各项常规中养成良好的生活习惯。

通过生活常规教育对学前儿童日常生活各环节进行组织管理，是一种行之有效的好办法。在制定常规时，要注意考虑以下几个方面：一是学前儿童生理和心理的合理负担；二是学前儿童体、智、德、美的全面发展；三是应有利于学前儿童自主性和独立性的培养，为他们充分的、自由的活动创设条件；四是学前儿童的个别差异，同时，要从实际出发，针对不同年龄阶段儿童的发展水平，因地因时制宜。切忌规定过细、限制过多、管得过死、操之过

急和一刀切的偏向。

（四）注重随机教育，潜移默化

生活常规教育是向学前儿童实施全面发展教育的手段，也是最经常、最自然、最容易收到实际效果的途径之一。在组织学前儿童生活常规教育活动的过程中，教师最容易观察到学前儿童对周围事物、对同伴和对待劳动的态度，从而能有针对性地进行随机教育。例如，组织儿童进餐，使他们在整洁、安静、愉快的环境中吃饱、吃好，同时，注意培养儿童细嚼慢咽、不挑食、不偏食等良好进餐习惯和独立进餐能力，以利于儿童健康地生长发育。然而，教师的工作不应当仅仅做到这一步，还应充分利用进餐机会，促进学前儿童的全面发展。又如，结合具体事物，教儿童认识餐具、食品等相应的词汇，"今天炊事员阿姨给我们做的菜多香啊！多美啊！绿色的菠菜，红色的胡萝卜，黑色的木耳，白色的豆腐，还有圆圆的小丸子呢！"还可以结合儿童行为表现，进行品德教育。同样，在盥洗、如厕、饮水乃至自由活动的前前后后，儿童之间是否友爱，是否讲文明礼貌，对公物是否爱护，对成人劳动是否尊重等，教师都可以随时发现问题、解决问题。

生活常规教育的各个环节的时间是短暂的、零散的，但同样蕴含着教育的内容，因此，教师可利用各种机会，随机进行教育。在生活中学习，学习联系生活，使生活常规教育成为一个真正的教育整体，真正使"寓教育于儿童生活"得到有效落实。

（五）家园配合，持之以恒

做好家园配合是进行学前儿童生活常规教育的重要内容和手段之一。由于儿童独立生活能力较差，为保证他们的健康、安全和个性全面和谐发展，对学前儿童生活予以悉心照料是完全必要的。但是，悉心照料不等于包办代替。教师要向家长及时了解儿童在家的情况，并把幼儿园在生活常规方面的教育目标、内容、方法、要求与家长取得沟通，家园共同配合做到目标一致，对儿童的行为规范要常抓不懈，当学前儿童出现违反规范要求的行为时，教师要及时提醒纠正，让学前儿童好习惯的养成得到持续发展。

案例评析

穿鞋（小班）

案例

下午起床时间，小朋友们陆续起床，穿好衣服和裤子，要去穿鞋子。大多数的小朋友还是自己会穿鞋。可是有个别几个小朋友还不会自己穿鞋子，本案例先以贝贝为主进行描述。当时，贝贝只是手里拿着鞋子，小眼睛东张西望，既不要求老师帮忙，也不自己试着穿鞋，就傻傻可爱地站在那里。当小朋友们都穿好鞋或请老师帮忙穿好鞋的小朋友都去小便、洗手，准备吃点心。他还是站在那里，一声不吭。这时我过去问他：贝贝，小鞋子怎么不穿啦？他不回答我，只是看看我，"你不会穿吗？"他还是不回答我，"不会就点点头"于是他点了点头。"不会穿我们自己可以试着练一下，你坐下来，我来教你怎么穿小鞋，先把鞋子和小脚找对家，然后小脚套进去，用力往前钻，小手拿住小鞋的后跟处，往小脚的后跟紧靠，使劲就能把鞋子套进去。结果说了半天，他还是站在原点不动，很无奈我只好帮他穿了这次鞋。（类似的情况已经发生过好几次，有时不帮他穿，只教他方法，一圈转回来，他还是站在原点，不穿鞋）

分析

贝贝是个性格内向的小男孩，在平时的接触中，很少说话，与小朋友之间也较少的沟通。家庭方面也是重大因素，由于他父母平日很忙，没有太多时间还照顾他，所以请了个专业的阿姨来陪同他，平时也是和阿姨一起生活的，交际的范围有所局限。由于照顾，基本上他的一切生活起居都是阿姨包办，没有给他自己实践的机会。而且爸爸妈妈偶尔见面，照顾时也只有疼爱的份，更别说注意他的各方面的发展。教育方式若不当，小朋友的发展也会受到限制。

小班的幼儿在动作发展方面已到了一定的阶段，也是从小到大的发展规律进行的。其实贝贝的年龄在本班中并不算小，如果教育得当，他的生活自理能力方面会有较好的发展，最重要的是一种训练，绝大多数也是发展在家中及他的主要抚养者给不给他实践的机会。

指导策略

1. 家长方面

（1）改变现有的教育观念，要与其教师多沟通、交流，让他在家中可以得到锻炼的机会，家长只是教给他一种方法，让他多多尝试，最后总会穿鞋。

（2）多带他外出，与同龄人多接触。这主要针对他内向的性格，不要圈住他的交际范围。不要以为只要在家中就是安全的，就是好的。多与同龄人接触，才会更好地发展他的社会性。

（3）要学会持之以恒，习惯的养成，并不是一两天的事，是一种持续、动态的发展过程，既然学会了穿鞋，从此以后让他自己穿，再也不用帮助他穿鞋，这才是真正习惯的养成，才能提升他的生活自理能力。

2. 教师方面

（1）不断与幼儿沟通，知道他的弱项，想出办法帮助他提升。

（2）多给幼儿自主锻炼的机会，允许小朋友犯错，成功时进行及时表扬。

（3）与家长个别交流，家园同步，步调一致。

资料来源：幼儿学习网 http://www.jy135.com

第二节　学前儿童身体生长发育教育

情境创设

　　明明今年 6 岁了，聪明伶俐，可是身高比同龄的小伙伴矮了一大截，外表看起来就像是个 4 岁的小孩子。为此，爸爸妈妈为明明的身高担心不已。明明的身高正常吗？有什么办法增高呢？

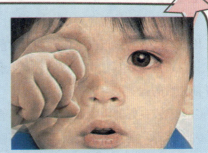

　　点评：研究表明，个体身高的差异往往取决于腿的长短，在人体膝盖骨关节闭合以前，进行增高计划是可能的。这就为身高矮小的幼儿开启了希望的大门。只要找准身高矮小的原因，采取针对性的补救措施，幼儿长高是有可能的。

　　3~6 岁是学前儿童身心健康成长的关键时期，身体发育差异显著。学前儿童身体生长发育教育就是帮助他们正确认识自己的身体，逐步理解身体由小到大的自然规律，初步认识疾病对身体及其发育的消极影响，掌握初步的身体保健技能和方法。

学前儿童生长发育教育

一、学前儿童身体生长发育教育的目标

（一）总目标

　　由于学前儿童的认知水平和自我保健能力有限，学前儿童身体生长发育教育的总目标主要包括以下三点：

　　1. 了解人体主要器官及重要功能。

　　2. 帮助学前儿童逐步树立关心、保护身体健康的意识和习惯。

　　3. 学习保护身体的基本技能与方法。

（二）年龄阶段目标

　　1. 小班目标：了解身体的外部形态、结构，认识并学习保护五官；能积极配合疾病预防与治疗；能知道自己的性别。

　　2. 中班目标：进一步认识身体的主要器官及功能，知道这些器官的重要性；逐步形成接受疾病预防与治疗的积极态度和行为；在成人帮助下，学习处理常见外伤的简单方法。

　　3. 大班目标：进一步认识身体的主要器官及重要功能，并懂得简单的保护方法；了解有关

预防龋齿及换牙的知识；注意用眼卫生；知道男女厕所，初步具有性别角色意识。

二、学前儿童身体生长发育教育的内容

（一）认识自己的身体及保护常识教育

1. 眼睛

学前儿童眼睛前后径较短，呈生理性远视，一般到 5~6 岁转为正视。晶状体弹性调节能力强，因此，能看清很近的物体。如果学前儿童形成不良的用眼习惯，长时间视物过近，则会使睫状体肌过度紧张而疲劳，以致使晶状体变凸，形成近视。要培养学前儿童的用眼卫生习惯，给学前儿童的视觉发育创造良好的环境。

（1）养成良好的用眼卫生习惯，不能用手揉眼睛，毛巾要专用，保持清洁，以防眼病。

（2）教育学前儿童不能玩可能伤害眼睛的物品，如小刀、竹签、仿真手枪等，有异物如沙子、小飞虫等入眼，应该轻轻闭着眼，等待成人来处理。

（3）看电视的距离远近要适宜，连续用眼时间不宜超过 1 小时，每隔 20 分钟要休息一会儿，年龄越小，间隔的时间越短。

（4）桌椅高矮要与学前儿童的身高相适宜；保持正确的坐姿；不在运动的车上看书，不躺着看书，不走着看书，眼睛与读物的距离约 30 厘米。

（5）室内光线要适宜，太亮与太暗都不适宜。

（6）明白定期检查视力的意义与方法，并能配合检查。

2. 耳朵

耳朵是听觉和位觉（平衡觉）的感受器官。学前儿童的外耳道比较狭窄，外耳道壁尚未骨化，咽鼓管相对比较短、平直，管径较粗，易感染，要特别注意保护。

（1）教育学前儿童用自然的声音说话、唱歌，不大声喊叫，听到较大的声音就立刻捂住耳朵或张大口。

（2）不挖耳朵，不将异物放入耳中。

（3）学会正确的擤鼻涕的方法，以免引起中耳炎。

（4）不洁的水进入外耳道要及时清洁干净，以免引起外耳道炎。

3. 鼻

鼻子是呼吸的重要器官，能温暖、湿润和清洁空气；学前儿童鼻和鼻腔相对短小、狭窄，黏膜柔嫩，血管丰富，没有长鼻毛，故易受到感染。

（1）教育学前儿童用鼻呼吸，不蒙头睡觉，不挖鼻孔，不往鼻孔里塞异物（如纽扣、豆粒、纸团等），不随地吐痰。

（2）保持鼻腔清洁、通畅，学会正确擤鼻涕的方法（用手按住一侧鼻孔，将气流吸入未按住的一侧鼻腔，压力不要过大，一侧擤完后，再擤另一侧）。

（3）咳嗽、打喷嚏时用手帕或纸巾捂住口鼻。

4. 牙齿

学前儿童乳牙牙釉质较薄，牙本质较软，牙髓腔较大，在酸的作用下比成人更容易患龋齿。幼儿期正处于乳牙、恒牙交换期，要积极引导幼儿掌握保护牙齿、预防龋齿的方法。

（1）培养学前儿童良好的饮食习惯，少吃甜食、零食，饭后漱口，早晚刷牙。

（2）教会幼儿正确的刷牙方法，即顺着牙缝竖刷，刷上牙时往下刷，刷下牙时往上刷，里外都要刷。

（3）预防牙列不齐。牙列不齐会使牙齿缝里残留更多的食物，易患龋齿。教育学前儿童不吸吮手指，不咬指甲、不咬其他硬物（如铅笔、瓶盖、硬果壳等）。

5. 皮肤

皮肤能保护我们的身体，能感觉冷、热、触、痛、压、痒、软硬、光滑粗糙等，还能抑制和杀死细菌，能排除身内的废物。学前儿童的皮肤比较细腻薄嫩，其厚度只有成人皮肤厚度的1/10。因此，不仅容易被外来的有刺激性及有毒物质渗透，而且容易摩擦受损，抵抗干燥环境的能力差。

（1）培养学前儿童良好的清洁皮肤的习惯，掌握正确的洗手、洗脸的方法，勤洗头、洗澡。

（2）勤剪指甲，勤换内衣。

（3）教育学前儿童不化妆，不烫发染发，不涂口红，不染指甲。

6. 骨骼

学前儿童骨中有机物较成人多，骨的弹性大，可塑性强，且骨骼中软骨较多。因此，容易因姿势不好等原因造成骨骼变形。要教育学前儿童保持正确的姿势。

（1）教育学前儿童不宜睡软床和久坐沙发。负重不要超过自身体重的1/8，更不能长时间单侧负重。

（2）配备与学前儿童身材合适的桌椅。

（3）教师要随时纠正学前儿童坐、立、行中的不正确姿势，并为学前儿童做出示范。

正确坐姿：头略向前，身体坐直、背靠椅背；大腿和臀部大部分落在座位上；小腿与大腿成直角，两手自然放在腿上；脚自然放在地上。有桌子时，身体与桌子距离适当；两臂能自然放在桌子上，不耸肩或塌肩，坐时两肩一样高。

正确站姿：头端正，两肩平，挺胸收腹，肌肉放松，双手自然下垂，两腿站直，两足并行，前面略分开。

幼儿内、外八字脚成因及纠正

　　所谓"八字脚"，就是指在走路时两脚分开像"八字"。"八字脚"走路时步态难看，姿势不正，步态不稳，步子迈不开，给体力劳动和运动带来不便，也易使鞋走形，并坏得快。通常将"八字脚"分为"内八字"和"外八字"。"内八字"的人走路时足尖相对，足底朝外；"外八字"的人走路时则相反。

　　幼儿内、外八字脚成因：

　　1. 婴儿时期过早直立和走步；

　　2. 模仿成人错误的走法；

　　3. 下肢骨骼畸形等。

　　纠正方法：

　　1. 向家长和托儿所保育人员做宣传工作，早期预防。

　　2. 经常提醒有内、外八字脚缺点的幼儿走路时要脚尖朝前。

　　3. 采取做专门体操和用踢毽子等办法来纠正。如纠正外八字，可让幼儿两脚内扣站立，用脚内侧踢毽子等，或沿一条直线行走等。

（二）疾病防治常识教育

　　1. 了解预防接种的初步知识，知道预防接种的目的是为了预防几种对身体健康影响较大的传染病，打预防针应主动，不怕痛；并能听从医生的指导，注意预防接种后的饮食和活动。

　　2. 了解生病时吃药、打针的作用。懂得打针、吃药虽然痛苦，但能防病、治病，能避免疾病带来的不适和痛苦。生病时愿意接受医生的治疗，听从家长的嘱咐，按时打针吃药。

　　3. 结合对疾病痛苦的回忆，引导学前儿童珍惜健康。

（三）生长发育常识教育

　　1. 引导学前儿童观察身体由小到大的变化。

　　2. 体验身体功能逐渐完善的感受。

　　3. 接受健康的早期性启蒙教育。

　　学前儿童家庭性教育的实施与指导，关键在于：树立正确的儿童早期性教育观念；进行恰如其分的儿童早期性教育。

　　端正思想，让儿童正常进入性角色；科学引导，消除儿童对性的神秘感；防微杜渐，培养良好的生活习惯。

 相关链接

《3~6岁儿童学习与发展指南》健康领域中幼儿健康体态的相关标准

3~4岁	4~5岁	5~6岁
1. 身高和体重适宜。参考标准： 男孩 身高：94.9~111.7 厘米 体重：12.7~21.2 公斤 女孩 身高：94.1~111.3 厘米 体重：12.3~21.5 公斤	1. 身高和体重适宜。参考标准： 男孩 身高：100.7~119.2 厘米 体重：14.1~24.2 公斤 女孩 身高：99.9~118.9 厘米 体重：13.7~24.9 公斤	1. 身高和体重适宜。参考标准： 男孩 身高：106.1~125.8 厘米 体重：15.9~27.1 公斤 女孩 身高：104.9~125.4 厘米 体重：15.3~27.8 公斤
2. 在提醒下能自然坐直、站直。	2. 在提醒下能保持正确的站、坐和行走姿势。	2. 经常保持正确的站、坐和行走姿势。

注：身高和体重数据来源：《2006 年世界卫生组织儿童生长标准》4、5、6 周岁儿童身高和体重的参考数据。

三、学前儿童身体生长发育教育应注意的问题

（一）保教结合，科学养育

《纲要》指出：保教结合是幼儿教育遵循的一大重要原则，保中有教、教中有保、保教并重是幼儿园教育的重要特点。学前儿童身体生长发育状况是学前儿童形成、掌握运动技能的基础。教师在设计学前儿童身体生长发育教育活动时，既要加强保育工作，又要注重教育工作，既要保护学前儿童，又要培养学前儿童的各种能力。由于学前儿童的身体正处在迅速发育的时期，身体各器官机能较差，对外界环境适应能力弱，很容易感染疾病；心理发展水平较低，基本的生存能力正处在发展中，生活自理能力较差，缺乏必要的身体保健及安全自护知识，这些都给他们的身心发展带来了许多不利。为此，需要为学前儿童提供和创设与之相适应的生活条件和环境，提供均衡的营养，安排合理的作息时间，做好卫生保健工作和安全工作，对学前儿童精心保育、照料，以保障学前儿童的健康成长。

学前儿童具有极大的可塑性，很容易受到外界的影响，这就更需要对学前儿童进行教育和培养，教给他们各种生活和活动技能，培养其生活自理能力和进行各种活动所必需的能力。

（二）方法适当，激发兴趣

根据学前儿童发展水平，教师要用通俗易懂的语言，向学前儿童讲解每项活动的内容和要求，使他们明确活动的目的；还要亲自示范，让学前儿童看到和了解所要学习的动作形象，明确要领和方法，正确的示范起到直观教育作用，便于学前儿童模仿。

游戏法在学前儿童生长发育教育活动中是非常重要的一种教学方法，其特点就是学前儿童在规则允许的范围内，充分发挥自己的主动性和创造性，达到规定的目标。游戏一般都有一定

的情节或含有竞赛的成分，这更能引起学前儿童极大的兴趣，进而努力克服困难去完成任务。

（三）注重实际，分层教育

学前儿童个体差异不同，要从他们的实际情况出发，注意下列几点：

1. 适合学前儿童的年龄特征。学前儿童身体发育尚未成熟，他们的体力、动作发展以及心理发展水平都低于学龄儿童，因此，学前儿童身体生长发育教育活动的内容和方法都要适合学前儿童的发展水平，尽量避免单一的、持久的活动，每次活动的量不宜过大，以免损害身体健康。

2. 要深入观察和了解学前儿童，掌握学前儿童的具体情况。对每个学前儿童要了解全面，如身体发展情况、兴趣爱好、接受能力、组织纪律性等，只有这样，工作才能做得顺利，达到预期的目的。

3. 要做到一般要求和个别对待相结合。学前儿童虽然具有一般的年龄特征，但他们之间也是有差异的，如体质强弱不同，能力不同，身体素质不同等，因此，在对全体学前儿童的一般要求的基础上，要针对具体情况个别对待，个别照顾。

一般要求和个别对待相结合是贯穿于学前儿童身体生长发育教育活动的各个环节的，若给予不同的内容，完成任务的要求不同。在练习的时间、数量、强度等方面，也要体现这一原则。

（四）循序渐进，持之以恒

学前儿童身体各器官的机能，是一个逐步发展、逐步提高的过程。不仅要循序渐进，而且要持之以恒，才能收到良好的效果。因此，学前儿童生长发育教育活动，应该根据学前儿童具体情况，逐渐增加内容、时间、强度和密度，做到由简到繁，由已知到未知，逐步提高。要有计划地安排学前儿童每天定时定量进行身体生长发育教育活动，不能因为各种原因中断或占用活动时间，否则身体的机能就会减退，健康水平下降。所以，学前儿童生长发育教育活动必须持之以恒，坚持经常性。

（五）形式多样，全面锻炼

学前儿童正处在身心迅速发展时期，应选择多种形式的生长发育教育活动内容，利用不同的方式方法，保证学前儿童的身体得到全面锻炼，也就是利用丰富多彩的活动使学前儿童身体各部位、各种身体素质和基本活动能力得到全面发展。集中进行专项活动训练，要特别预防对身体的不良影响。

（六）科学指导，家园配合

学前儿童生长发育教育活动的开展，应取得幼儿园保健人员和医生的协助，对生长发育教育活动的各项内容、方法要进行研究和监督，随时观察学前儿童的反映，定期检查身体，并动员家长积极配合与支持。学前儿童生长发育教育活动要与生活制度、饮食、日常生活的护理以及卫生保健工作紧密配合，才能达到良好的效果。

身体的支架（大班）

活动目标

（1）了解骨骼对人们的重要性，形成良好的坐、立、行、走等身体姿势。

（2）尝试画单线条动态人物，巩固对人体结构的认识。

活动准备

人体骨骼挂图，做操小人的动作图片，绘画笔、绘画纸。

活动过程

1. 摸一摸

（1）请幼儿用手摸一摸自己的身体，感受身体里面哪里是硬邦邦的？哪里是软绵绵的？感知骨骼的特征。

（2）教师重点引导幼儿摸一摸全身各个部分哪里有骨骼。

2. 看一看

教师出示人体骨骼挂图，使幼儿初步了解骨骼对人体的支撑作用。重点引导幼儿观察脊椎，使幼儿初步感知脊椎是竖直的（淡化生理弯曲）。

3. 弯一弯

（1）请幼儿之间互相结成对子，一个人摸脊椎，一个人做动作，如身体坐直、趴在桌子上、身体歪坐着等，感受脊椎的弯曲和变化。

（2）教师启发幼儿动一动身体，感受哪里还能弯曲，并请几名幼儿到前面来做出各种造型，引导幼儿观察哪个部位弯曲了。

4. 说一说

（1）教师引导幼儿讨论：如果小朋友总是弯着坐、站、走，会有什么后果呢？我们应该怎么做呢？

（2）幼儿边说教师边在前方黑板上画出单线条的坐、站、走的动作小人。

5. 画一画

（1）教师出示单线条做操小人的动作图片，请幼儿观察动作小人精神不精神？是由哪几部分线条组成的？（头、脊椎、两个上肢、两只手、两个下肢、两只脚）

（2）教师引导幼儿尝试绘画单线条动态人物，重点提示幼儿反映动作变化的关键是脊椎和上下肢。

6. 做一做

请画好的幼儿尝试做一做自己画出的小人的动态，互相交流模仿。

第三节　学前儿童饮食与营养教育

随着人们物质生活水平的提高,学前儿童得到了更好的照顾。然而,让人奇怪的是近年来竟出现了不少"豆芽菜"和"小胖墩儿",人们通常把胖孩子形象地称为"小胖墩儿",而将过于消瘦的孩子称作"豆芽菜",而且这种两极分化的局面越来越严重。调查研究表明,这两种现象多与学前儿童的饮食与营养有密切关系。

思考:对于身体偏瘦弱的孩子,怎样调理才能让他身体更结实?对于身体偏胖的孩子,又怎样让他在保证营养的前提下控制好体型呢?无论是"豆芽菜"还是"小胖墩儿",在调理时都要重视饮食与营养,那么什么样饮食与营养才能保证学前儿童的健康成长呢?

一、学前儿童饮食与营养教育的目标

(一)总目标

让学前儿童获得饮食与营养的基本知识,掌握饮食的方法和技能。帮助幼儿形成有关饮食与营养的正确观念,创建合理的饮食环境,培养良好的饮食习惯,促进学前儿童获得和吸收营养,保护和增进学前儿童的身体健康。

（二）年龄阶段目标

小班目标

1. 知识经验：认识几种食物名称；知道不干净的食物不能吃；懂得饭前洗手，饭后漱口、擦嘴。知道健康的身体需要营养，营养食物有多种多样

2. 情感态度：爱吃富有营养的常见食物，愉快进餐

3. 习惯与技能：初步养成安静并愉快地独立进餐习惯。在教师的帮助下，将饭菜吃干净。初步形成良好的饮食习惯；不用手抓饭；不乱扔食物；不挑食。学会用勺吃饭。初步养成饭前洗手、饭后漱口的习惯。主动饮水

中班目标

1. 知识经验：认识多种常见食物，结合品尝经验，知道其名称及作用；了解吃多种食物有利于健康；好吃的东西不宜多吃，少吃冷饮多喝水有利于健康；认识消化器官"胃"的名称和作用

2. 情感态度：能轻松愉快进餐。爱吃多种食物。肥胖儿、消瘦儿有控制或增加饭量的意识。对了解营养知识感兴趣

3. 习惯与技能：养成安静进餐、不吃汤泡饭、细嚼慢咽、不偏食、吃饭专心的习惯。不剩饭菜，学会自己收拾餐具。饭前主动洗手、饭后刷牙。在教师的督促下肥胖儿或消瘦儿能控制或增加饭量。熟练地用勺吃饭，并学习用筷子吃饭

大班目标

1. 知识经验：初步了解不同的食物含有不同的营养素，健康需要多种营养素；偏食、暴饮暴食都是不良的饮食习惯，会影响健康；懂得少吃零食多喝水的好处。能初步分辨食物的好坏，懂得变质的食物不能吃，知道有的食物不能多吃。懂得进餐时应愉快安静，饭前饭后剧烈运动影响健康。懂得肥胖、消瘦都属于营养不良

2. 情感态度：进餐时主动保持愉快和安静。有意识克服偏食等不良饮食习惯，喜欢吃各种食物。感觉到集体进餐的愉悦。

3. 习惯与技能：能主动摆放和收拾餐具，认真做好值日生工作。饭后主动刷牙或漱口，饭前饭后不做剧烈运动。掌握正确使用筷子吃饭的技能。肥胖儿或消瘦儿能自觉地控制或增加饭量。运用已知的营养知识，主动拒绝非健康食品

健康是孩子幸福快乐的源泉

　　生活中，我们常常发现，一个头脑发热或严重腹泻的幼儿，无法正常饮食或安然入睡；一个脑伤患儿有可能失去记忆；一个心理过分紧张的幼儿无法较快适应新环境；一个骨折患儿，很可能连如厕问题都无法独立解决……而几乎所有幼儿都存在着患病期间脾气暴躁的现象。

　　英国哲学家和教育家斯宾塞认为："消化良好，脉搏有力，情绪高涨，是任何身外利益无法胜过的幸福因素。长期的身体毛病使最光明的前途蒙上阴影，而强健的活力使不幸的境遇也能发光。"因此每个幼儿教师应该懂得身心健康对幼儿生命发展的独特价值。

二、学前儿童饮食与营养教育的内容

　　学前儿童饮食营养教育的重点在于让学前儿童了解人的成长与健康必须依靠食物；懂得身体需要多种营养素，吃多种不同的食物。

1. 学习粗浅的食品营养和卫生知识

　　通过食物观察、多媒体、图片等方式，学习食物的名称，了解食物的形状、颜色、质地等外部特征及各种味道，观赏食品的加工过程。知道不同的食物能为人体提供不同的营养素，形成广泛摄取食物、保持身体健康的营养意识。

2. 建立良好的饮食行为习惯

　　养成安静进餐、不吃汤泡饭、细嚼慢咽、不偏食、吃饭专心的习惯，养成饭前洗手、饭后漱口的习惯。不吃变质等非健康食品。

3. 形成平衡和合理膳食的积极态度

　　能自觉自愿地选用各种食物，有自我控制饮食的意识及能力，意识到不良饮食习惯对自己身体的影响。

4. 掌握饮食方法与技能

　　在饮食过程中掌握基本的方法与技能，学会正确使用勺子、筷子，学会剔鱼刺和动物骨头的方法，学会吃面的技能，知道在自助餐等不同场合的进餐方法，提高学前儿童的饮食处理能力。

5. 了解民间饮食文化及风俗习惯

结合节假日及故事，让学前儿童了解民间的饮食文化和风俗习惯，使祖国的饮食文化传统不断发扬光大。

6. 了解简单的食物处理及烹调方法

让学前儿童参与到食物的处理与烹调过程中，不仅可以使他们对食物有更进一步的认识，丰富生活经验，同时也能增加儿童对食物成品的兴趣，增强成就感。

三、学前儿童饮食与营养教育中应注意的问题

1. 重视学前儿童膳食心理卫生

对学前儿童的教育必须注重趣味性，做到具体而形象化，饮食教育也不例外，生动有趣的形式能使学前儿童在轻松愉悦的气氛中粗浅地理解饮食营养知识。对于挑食、少食儿童，教育者应根据学前儿童的身体状况及个性，有分寸地处理好坚持与妥协的度，既要保证儿童的身体健康不会受到影响，同时应避免强迫性进食而导致其出现厌食心理。应采取多种有效的方法，例如，创造良好的进餐环境，控制好零食量，在幼儿园中还可以充分利用良好的群体效应，让学前儿童主动受同伴的影响而改变不良的饮食习惯。

2. 营造良好的饮食教育环境

整洁、清新、安静的进餐环境和温馨、宽松的气氛，有助于学前儿童积极地做好餐前生理和心理的准备，有利于良好饮食习惯的培养。为调动学前儿童进餐的积极性和主动性，达到愉快进餐的目的，教育者在幼儿进餐时要用亲切适宜的语言，将色香味美的各种菜肴介绍给孩子们，让孩子们通过视觉、嗅觉和味觉的享受，体会进餐的乐趣。教师应关注每一个孩子的饮食变化，发现异常，及时与幼儿交流，查找原因，个别诱导，使幼儿在心理上感受到自己是被老师关注和喜爱的，从而乐于接受教师的建议。进餐时，可播放一些优美动听的音乐，促进副交感神经的兴奋，调动积极的情感，从而促进学前儿童的食欲。

3. 加强全方位合作

调查发现，学前儿童的不良饮食习惯多数来源于父母，如父母本身的挑食行为等，都有可能加剧儿童挑食、偏食现象。专家就此特别指出，如果家长自身存在偏食行为，儿童下意识"模仿"也会导致偏食行为难以控制。可以通过聘请营养专家开设专题讲座、召开家长座谈会等途径，帮助家长树立正确的饮食观念。通过家庭和幼儿园密切配合，社会和幼儿园密切配合，才能保证营养教育的最佳效果。

适合进餐的音乐
《春野》

4. 注意个体差异

由于学前儿童对营养需要存在个体差异，要结合营养、生长发育、遗传等多方面情况进行分析、判断。具体问题具体分析，从而使教育更加行之有效。

幼儿的挑食行为

案例

中午进餐的时间到了，今天的午餐是贝壳面。孩子们洗完手在自己的座位上开始吃饭，教室里一片寂静，只听到碗勺相碰的声音。看到孩子们都吃得津津有味，我心里很满意。这时，我发现洋洋小朋友在饭刚分好时他吃了一口，就和同桌的小朋友说起了悄悄话。发现老师在注意他，就又吃了一口饭，含在嘴里，坐着发呆，约两分钟后，再慢吞吞地喝一口汤，吃一口饭。后来我看他几乎都没吃下去就去喂他吃，可当我把青菜喂进他嘴巴的时候他好像要呕吐一样。这顿饭他足足吃了半个多小时才把面吃完，菜全剩在碗里，理由是"我不喜欢吃"。

今天的午餐是炒米饭和蛋花汤，小朋友们依然是吃得津津有味，才一会儿，就听到一个小朋友喊："老师，我饭还要一碗。"是洋洋的声音。只见洋洋把已吃得干干净净的碗拿到我面前要我盛饭，我给他再盛了半碗。再一会儿，洋洋已经把饭菜及水果都吃完，把碗勺送回来了，他是全班吃的第三快的小朋友。

分析

现在生活条件一般都比较优越，家长们对孩子吃的方面更是慷慨，但幼儿的偏食现象却是非常普遍的，有的家长更是束手无策，拿孩子一点办法都没有。幼儿期是孩子生长发育的关键期，摄取丰富的营养是保证身体健康发育的前提。家长对自己孩子的营养与膳食越来越重视，都非常关心自己的孩子在幼儿园的进餐情况，一到放学的时候，家长问老师最多的一个问题就是："今天我的孩子吃饭好不好？有没有剩饭？"不少家长在教师家访的时候也都会谈及孩子的吃饭问题，普遍反映孩子的吃饭问题是个头疼问题，有的家长采取各种物质奖励哄骗孩子吃饭，有的采取威吓打骂的方式；有的家长更有耐心，干脆追跑喂饭等等，使尽了无数招数，仍不尽人意，他们为此大伤脑筋。由此看来，不少幼儿都缺乏良好的进餐习惯，而不良的进餐习惯不利于营养的吸收，对身体的健康发展产生影响。

挑食、偏食的习惯表现在孩子身上，但是责任却在父母。任何一种习惯都不是一时养成的，它与家庭的饮食结构、家长处理孩子进食的态度以及家长自身的挑食、偏食行为有着密切的关系。这样的吃饭场景，我们在许多家庭的餐桌上都可看见。的确，孩子吃饭挑食、偏食在今天非常普遍。比如，有的孩子只吃肉不吃菜，有的孩子不吃某些菜，有的孩子只吃菜不吃饭，有的孩子不吃水果等。

对策

1. 带孩子一起到市场购买食物，请孩子帮你挑选今天要吃的菜。
2. 让孩子和你一道捡菜、洗菜，参与到做饭的过程中，诱发孩子对饭菜的兴趣。

3.将食物切成各种形状，并给饭菜取一个好玩的名字。

4.增加食物的种类、扩大食物圈。尽量变换饭菜花样。对孩子不熟悉的食物可采取先小量混合在熟悉的食物中一起做，让孩子慢慢习惯它的味道。

5.鼓励孩子尝试新食品，但不要强迫。

6.孩子不喜欢吃某种食物，改变一下制作方法，或许孩子就接受了。

7.控制孩子的零食，尤其不要在饭前半小时给孩子吃零食。

8.鼓励孩子自己独立吃饭，激发孩子吃饭的兴趣。

9.不要强行要求孩子一定要吃多少饭菜。

10.父母给孩子作出不挑食、偏食的榜样。

11.不要将食物作为奖励或惩罚的手段。

在纠正孩子挑食、偏食习惯时，家长要把握好度。既要给孩子挑选食物的一定自主权，又不能完全由着孩子自己来。在孩子吃饭时，父母容易犯一个错误就是担心孩子如果不吃或者吃得太少会影响健康，为此而放弃原则。在这一点上，父母一定要达成一致意见。如果孩子在进餐时间不吃饭，OK！给孩子自主权。你可以不吃，但要告诉他不吃饭的后果，如果不吃饭也得不到其他食物。家长一定要说到做到，将家中可吃的东西藏起来。经过一、二次，孩子就会学乖，知道必须好好吃饭，否则就会饿肚子。

第四节　学前儿童安全生活教育

 **情境创设**

　　上午8点半，多数幼儿已经到幼儿园吃了早餐，有个别孩子还在吃，教师安排已经吃完的孩子到阳台上自由玩耍，这时一位家长来送孩子，两位教师与家长在活动室交谈。忽然，几个孩子拽着一个男孩的胳膊、腿往教室抬，该男孩额头上鲜血直流。经询问才知道，原来是几个男孩在走廊里追跑，该男孩摔倒到阳台的栏杆上，额头上碰破了一道很深的口子。教师问清情况后赶紧把受伤孩子送到医院包扎，放学后还到该男孩家中做家访，说明事情发生的经过，并诚恳地向家长道了歉。

　　思考：这个案例说明了什么问题？带给我们哪些思考？我们该如何应对学前儿童的安全问题？

好奇是儿童的天性，好动是儿童的本能，好奇导致幼儿探索的欲望，幼儿总是在不断地探索和尝试，来认识周围的事物。但是，幼儿缺乏生活经验，对什么是危险认识不足，面临危险后又不知所措，缺乏自我保护的意识和能力，容易因意外事故而影响健康甚至失去生命。教师要根据幼儿的生活实际，采取灵活多样的方式，逐步培养幼儿的自我保护能力。

《纲要》明确指出："幼儿园必须把保护幼儿的生命安全的促进幼儿的健康放在工作的首位。"抓好安全工作是学前儿童身心健康的重要保证。对学前儿童进行安全教育，采取有效措施消除安全隐患，是整个学前教育的重要组成部分。

一、学前儿童安全教育的目标

（一）总目标

1. 获得有关安全和促进健康的基本知识。
2. 具有自我保护和自我防护意识。
3. 提高自我防护和自我保护能力，从而保障儿童身体健全和心理愉悦。

（二）年龄阶段目标

1. 小班目标：了解并遵守日常生活中的安全常识与规则，过马路、乘坐交通工具、玩大型运动器械时能注意安全。认识有关的安全标志，遵守交通规则，初步形成自我保护意识。了解应对意外事故和伤害的常识，具有基本的求生技能，知道初步的自救和向成人求救的方法。能接受成人有关的提示，学习避开活动中可能出现的危险因素。不跟陌生人走，不吃陌生人给的东西。在公共场所走失时，知道在原地等待，或找警察帮助，能正确说出父母姓名、电话号码或家庭住址。

2. 中班目标：在小班基础上，认识多种安全标志，有自我保护意识。在活动中学会保护自己，对危险的标志与信号能做出及时的反应。在公共场所不远离成人的视线单独活动。

3. 大班目标：在中班基础上，除自己不到危险的地方去以外，学会提醒别人不到危险的地方去。学习沉着地处理日常生活中可能出现的紧急情况。

二、学前儿童安全生活教育的内容

（一）交通安全教育

据有关部门统计，全国交通事故平均每 50 秒发生一起，平均每 2 分 40 秒就会有一个人丧生于车祸。更让人痛心的是，全国因交通事故死亡的少年儿童占全年交通事故死亡人数的 10% 以上，且有逐年上升的趋势。因此，对学前儿童进行交通安全教育不容忽视。

1. 了解基本的交通规则

如"红灯停、绿灯行",横过马路要走人行道,上街走路靠右行,不在马路上奔跑、玩耍、停留和踢球,不横穿马路等。

2. 认识常见的交通标识

如红绿灯、人行横道线、禁止行人通行等标志,并且知道这些交通标志的意义和作用。

3. 初步形成交通安全意识,养成遵守交通规则的良好习惯

在对学前儿童进行交通安全教育时,可选用一些儿歌、故事和游戏以增加趣味性,也可请交警叔叔来园授课,进行模拟表演,还可利用网络资源(如中国儿童交通安全网等)。

(二)食品卫生安全教育

学前儿童大多喜欢吃零食,也喜欢将各种东西放入口中,因而容易引发食品安全问题。幼儿园除了要把好食品采购、储藏、烹饪、运送等方面的卫生关外,还必须教育学前儿童注意以下食品卫生安全问题:

1. 养成良好的饮食习惯

不吃腐烂的、有异味的食物。生吃瓜果时一定要先看看或问问是否洗干净。在进食热汤或喝开水前必须先吹一吹,以免烫伤。吃鱼时,要把鱼刺挑干净,以免鱼刺卡在喉咙里。进食时不要嬉笑打闹,以免食物进入气管等。

2. 不随便捡食和饮用不明物

勿将各种非食物放入口中。不食用自己以前没有吃过的东西,不要将体积较小的物品放入口中玩耍,以免吞咽入肚。

3. 不随便吃药

目前孩子服用的药大多外观漂亮、颜色鲜艳、口感好,深受孩子"喜欢",有的孩子甚至把药品当零食吃。因此,要教育孩子不能随便吃药,一旦需要服药,一定要按医嘱,在成人的指导下服用。

幼儿误食异物该怎么处理

幼儿吞下的东西，一般会从大便排出，故对健康并无多大伤害。倘若幼儿不小心吞下一些特别的物件，必须根据情况做出个别处理。

1. 误服药物：已经清楚知道误服药物的数量及时间，如果药性发挥不太严重，可给孩子喝一些牛奶以减轻在胃里的药性。

2. 吞下纽扣：若是胶质纽扣，用X光亦难照出，纽扣若到了胃和肠部也可从大便排出，父母可留意此点。纽扣若进入气管，会引发咳嗽或出现呼吸困难，因此要立刻带孩子看医生。

3. 吞下花生：花生是各种物件中最危险的，因为它不能用X光照出位置来，若塞着气管或支气管，吸收了水分便会膨胀，堵塞气道，引致窒息，因此不要随便给孩子吃。

4. 吞下发夹：发夹虽然长，若是顺利通过幼儿的肠道，一周之内，便会从大便排出。发夹吞下时，若在体内钩着内脏某处，便需带孩子到医院照X光，查出发夹所在。

5. 吞下毒物：误服毒物，如果能令孩子呕吐的话，问题就不大，但一些含有强酸和强碱的毒物，是不能呕吐的，因为呕吐的话，有可能使喉咙和食道腐烂。这些毒物包括有强酸的硫酸、盐酸、石炭酸、硝酸；强碱性的如碱水、洗涤苏打；石油制品如灯油、杀虫水、打火机液体、汽油等。孩子万一饮下，除了大量喝牛奶外，还应尽快送医院诊治。

（三）消防安全教育

火灾造成的危害触目惊心，所以对学前儿童进行消防安全教育是十分必要的。

1. 懂得玩火的危险性

知道如果发生火灾，不仅会损坏财物，还会危及人的生命。

2. 掌握简单的自救技能

教育学前儿童一旦发生火灾要马上逃离火灾现场，并及时告诉附近的成人或拨打火警电话119。

当发生火灾，自己被烟雾包围时，要用防烟口罩或湿毛巾捂住口鼻，并立即趴在地上，在烟雾下面匍匐前进。

3. 进行火灾疏散演练

幼儿园可事先确定各班安全疏散的路线，让学前儿童熟悉幼儿园的各个通道，以便在发生火灾时，能在教师的指挥下统一行动，安全疏散，迅速离开火灾现场。教师可在学前儿童了解火的用途和危害后，开展防火自救演练，让学前儿童学习拨打 119，尝试简单的应急措施——用床单塞门缝、用湿毛巾捂住嘴巴和鼻子尽快逃离火灾现场等。

4. 利用多媒体演示

通过多媒体让学前儿童观看消防队员灭火的情景，向学前儿童介绍火灾的形成原因、消防车的作用、灭火器的使用方法及使用时应注意的事项等。

灭火器的知识

（四）防触电、防溺水教育

1. 防触电教育

触电是日常生活中比较常见的意外伤害，少年儿童因触电而死亡的人数占儿童意外死亡总人数的 10.6 %。幼儿园应从以下几个方面对学前儿童进行防触电教育。

（1）懂得不能随便玩电器，不拉电线，不用剪刀剪电线，不用小刀刻划电线，不将铁丝等插到电源插座里等。

（2）一旦发生触电事故，懂得不能用手去拉触电的孩子，而应及时切断电源，或者用干燥的竹竿等不导电的东西挑开电线。

（3）不随意开启家中电器，特别是电熨斗、电取暖器等；不玩弄电线与插座；在遇到突然停电等情况时，不慌不乱、不到处跑。

2. 防溺水教育

溺水在少年儿童意外死亡中所占比例最大。有些孩子喜欢到河里洗澡，很容易发生溺水。幼儿园应从以下几个方面对学前儿童进行防溺水教育。

（1）不能私自到河边、井边玩耍。

（2）不能将脸闷入水中，做憋气游戏。

（3）不能私自到河里游泳。

（4）当同伴失足落水时，要呼救，并及时就近叫成人来抢救。

（五）儿童玩具安全教育

游戏是孩子的天性，玩具是孩子的最爱。在一日生活中，儿童几乎一半的时间是在和玩具打交道。因此，对学前儿童进行玩具安全教育十分重要。

学前儿童玩不同的玩具，应有不同的安全要求。

1. 大型玩具：如玩滑梯时，要教育学前儿童不要拥挤，前面的孩子还没滑到底及离开时，后面的孩子千万不能往下滑；玩秋千架时，要注意坐稳，双手拉紧两边的秋千绳，其他孩子要远离；玩跷跷板时，除了要坐稳，还要双手抓紧扶手。

2. 中型玩具：如玩游戏棍时，不可用棍子去打其他孩子的身体，特别是头部。

3. 小型玩具：如玩积木、串珠、玻璃球时，不能将它放入口、耳、鼻中，以免造成伤害。

（六）生活安全教育

生活安全教育必须家园配合同步进行，通过教育使孩子达到以下要求：

1. 不随身携带锐利的器具，如小剪刀等。

2. 认识一些安全标志，特别是一些禁止性的、警示性的标志，知道看见这些标志该怎样做，如禁止攀登、禁止触摸、禁止通行、禁止烟火、注意安全、当心车辆、当心滑跌等标志。

3. 在运动和游戏时要有秩序，不拥挤推撞。在没有成人看护时，不能从高处往下跳或从低处往上蹦。不爬树、爬墙、爬窗台。不从楼梯扶手往下滑，以防摔伤。推门时要推门框，不推玻璃，手不能放在门缝里。乘车时不在车上来回走动，手和头不伸出窗外。上下楼梯要靠右边走，不推挤。

4. 不独自玩烟花爆竹。不逗弄蛇、蜈蚣、蝎子、黄蜂、毛毛虫、狗等动物。

5. 打雷闪电时不站在大树底下等。

（七）防拐骗教育

教育孩子不轻信陌生人的话，不跟陌生人走。独自在家，有陌生人叫门时，不随便开门。不吃陌生人给的东西，不要陌生人的钱物，教给他们有区别地对待陌生人和熟人的方法。不擅自离园出走，不单独外出，人多拥挤处要与大人携手同行。学会遇到坏人时呼救和求救的方法。

（八）疾病自护

当感觉自己身体不舒服和有疾病症状时，如头痛、发热、咳嗽、肚子痛、鼻出血、牙出血、眼睛不适等，要及时告诉老师或家长。有病去医院诊治，要主动配合医生，打针吃药时不哭闹。没病时，不乱吃药。不自己随便吃药。

《指南》中的教育指导建议

1. 创设安全的生活环境，提供必要的保护措施

如：要把热水瓶、药品、火柴、刀具等物品放到幼儿够不到的地方；阳台或窗台要有安全保护措施；要使用安全的电源插座等。在公共场所要注意照看好幼儿；幼儿乘车、乘电梯时要有成人陪伴；不把幼儿单独留存家里或汽车里等。

2. 结合生活实际对幼儿进行安全教育

如：外出时，提醒幼儿要紧跟成人，不远离成人的视线，不跟陌生人走，不吃陌生人给的东西；不在河边和马路边玩耍；要遵守交通规则等。帮助幼儿了解周围环境中不安全的事物，不做危险的事。如不动热水壶，不玩火柴或打火机，不摸电源插座，不攀爬窗户或阳台等。帮助幼儿认识常见的安全标志，如：小心触电、小心有毒、禁止下河游泳、注意安全出口等。告诉幼儿不允许别人触摸自己的隐私部位。

3. 教给幼儿简单的自救和求救的方法

如：记住自己家庭的住址、电话号码、父母的姓名和单位，一旦走失时知道向成人求助，并能提供必要的信息。遇到火灾或其他紧急情况时，知道要拨打110、120、119等求救电话。可利用图书、音像等材料对幼儿进行逃生和求救方面的教育，并运用游戏方式模拟练习。幼儿园应定期进行火灾、地震等自然灾害的逃生演习。

三、学前儿童安全生活教育应注意的问题

1. 创造良好的人文和设备安全环境

幼儿园应将学前儿童的安全问题放在首要地位。教师应富有爱心，有强烈的安全意识和责任心，并具备处理一些常见意外的技能。幼儿园的玩具及游戏设备应定期检查，以便及时发现问题，及时处理。儿童用药及相关消毒用品均妥善保管，以防儿童误服。幼儿园可设置安全标志、开辟安全教育宣传栏、创设安全教育小画廊，利用环境资源对学前儿童渗透安全教育，使其在潜移默化中体会到安全意识，懂得生活中常见的安全防护措施。

2. 内容与形式应针对儿童生理、心理发育特点

对学前儿童实施安全教育应注重其生理及心理发育特点，采取游戏、模拟游戏、模拟情景、现场活动指导等儿童喜爱的活动形式，激发学前儿童参与的热情。利用"11·9"消防日、防灾减灾等特殊纪念日开展消防逃生、地震逃生等各种演练活动，培养幼儿自我保护的应变能力。教师可以随机拍摄幼儿玩玩具、玩大型器械的场面，再与幼儿共同分析怎样玩才安全等，通过真实情景再现，让幼儿认识保护自己的重要性。另外，教师可以创设与安全教育有关的游戏环境，让幼儿在轻松愉快的气氛中加深体验，引导幼儿自主探索，提高幼儿的自我保护能

力。例如，在开展角色游戏中设置岗亭、红绿灯、人行道安全标志等，让幼儿分别扮演交警及路人，不仅能丰富学前儿童的安全生活常识，养成遵守安全规则的习惯，同时因为幼儿参与游戏的热情极高，极易掌握相关的自护、自救的方法。

安全教育应渗透到各种领域中，如语言方面：看图说话、讲故事、说儿歌等；常识方面：认识与交通有关的各种标志等；音乐方面：学唱《我在马路边》等歌曲；科学方面：认识各种交通工具等；美术方面：画小朋友过马路、画红绿灯等；体育方面的体育游戏等。

在安全教育活动中，教师注重儿童情感的培养，让幼儿在危险到来时不慌张、不害怕，有安全感。教育的内容也应与社会的发展紧密关联，使教育具有时代性与现实性。

3. 促使学前儿童树立安全第一的观念

学前儿童意外事故的发生常与儿童冲动的天性有关，他们有时为了达到抢先占有、尽早奔向目标（例如马路对面的母亲等）等而尽显鲁莽、冲撞，危险概率大大增加。所以，安全生活教育应当帮助学前儿童逐步树立安全第一的观念，在任何时候、任何地点做任何事情，都应首先看一看、想一想是否安全或怎样更安全。

4. 给予正面教育

因为学前儿童思维水平的局限以及好模仿的特点，安全生活教育一般应给予符合安全规范的正面示范，至于意外事故的原因和恶果只能以描述性的评议或其他间接的方式告知儿童。教育者可通过微笑、拥抱等方式，使儿童对社会充满安全感，以利于儿童更好地成长。

5. 选择适宜的教育时机

对学前儿童进行教育时往往因无法将事件真实地再现出来，所以很难真正引起学前儿童的重视。但在生活中不可避免地会发生各种意外事故，如果意外的主角是学前儿童的同伴，学前儿童比较容易加深对意外事故后果的了解，教育者应抓住时机，及时对学前儿童进行教育，这样可以达到事半功倍的效果。

6. 加强体能训练，提高学前儿童的行动反应力

生活中的安全隐患常常防不胜防，提高学前儿童的行动反应力可以大大减少意外事故的发生。所以教育者应通过体育锻炼及其他的专门活动，增强学前儿童躲闪、呼喊等快速反应的能力，并通过生活场景进行模拟、演习求救。例如，尝试跨过障碍物、通过在地面上滚动来灭火等。

7. 加强儿童对危险情境及事故原因的认识

学前儿童对危险情境以及事故因果的认识明显有别于成人，如学前儿童认为明显凸起且尖利的物体远没有来来往往的车辆或东奔西跑的伙伴来得危险，因为前者是"不动"的，而后者动个不停；又如，学前儿童认为接近小动物是危险的，因为它们会咬自己，而一把裂口的长柄玩具枪却没有什么危险，因为它是"假"的；再如，学前儿童不认为之前刚刚使用过的，眼前不再出水也不冒热气的发热水龙头是导致自己烫伤的根本原因，却认为坚决要给自己洗头的爸爸才是"罪魁祸首"。正因为学前儿童以自己特有的思维方式缩小了生活中危险事实的范畴，

所以提高学前儿童的危机感，引导他们正确分析事故发生的根本事实原因是十分必要的。

幼儿安全教育视频
欣赏

8. 加强家园联系，发挥教育合力

通过加强家园联系，实现对儿童安全教育的立体化及全方位，避免教育的盲点，使教育不断强化与巩固，提高儿童的自我保护能力。

安全标志我知道

活动目标

1. 鼓励幼儿探索学习，使幼儿认清安全标志，教育幼儿不要玩火、电等危险物品，遵守交通规则。

2. 引导幼儿发现和尝试，让幼儿知道应该按照安全标志的要求行动，才能既方便自己又不影响集体，培养自我保护意识和能力。

3. 通过幼儿自己动手制作安全标志，发展幼儿的想象力和创造力及动手制作的能力。

活动准备

1. 多媒体课件；交通安全、严禁烟火、当心触电、禁止触摸等内容的小故事，并配有关的安全标志。

2. 事先让幼儿收集有关的安全标志。

3. 七种安全标志；注意安全、人行横道、步行、禁止通行、严禁烟火、当心触电、禁止触摸。

4. 画纸、水彩笔、剪刀等工具材料。

活动过程

1. 找安全标志

（1）激发幼儿的学习兴趣

教师引导幼儿观看多媒体演示，就其中的交通安全小故事引导幼儿探索根据什么标志过马路。

（2）提出问题，请幼儿思考

① 为什么要有这些安全标志？这些安全标志有什么用？

② 除了马路上的安全标志，你还见过什么安全标志？在什么地方见过？它们表示什么意思？

③ 请幼儿继续观看多媒体演示，寻找有关的安全标志。

2. 议论安全标志

（1）幼儿尝试从布袋中找出安全标志，并介绍这些标志是什么意思？

（2）讨论安全标志的用途：我们生活中为什么有这么多安全标志？它们对我们有什么用途？小朋友想一想，如果没有这些安全标志行不行？为什么？

（3）议一议没有安全标志的危害。

① 想一想、说一说没有这些安全标志的危害。

② 总结：每个人都生活在集体中，作为社会中的一员，一定要按照安全标志的要求行动，才能既方便自己又不影响集体。如果不这样，会出现很多问题，人们的工作、生活、学习就不能正常进行。

（4）游戏：看谁找得准。教师说出一种安全标志名称，请幼儿迅速找出相应的安全标志卡片。

3. 设计安全标志

（1）想一想，我们班、幼儿园什么地方需要悬挂安全标志。请小朋友尝试动手设计和制作，让安全标志告诉我们在什么地方做什么事情，应该怎样做。

（2）请小朋友介绍自己设计、制作的安全标志的内容和作用，并用简练的语言讲给大家听。

活动延伸

幼儿找到需要安全标志的地方悬挂上自己制作的安全标志，并继续探索相关的安全标志，尝试理解安全标志的含义。

活动评析

活动中，幼儿作为学习的主人，激发了对安全标志的兴趣，引导幼儿自己去观察和发现、寻找各种各样的安全标志，如：严禁烟火以及各种交通安全标志等。这些安全标志都是小朋友们自己找到的，因此，他们参加活动的积极性也特别高。孩子们通过自己看、问、找、画等探索活动，学会了学习，也学会了适应社会、适应集体，明白了做人的道理。

（案例来源：幼儿园快乐与发展课程编写组．幼儿园快乐与发展课程教师指导用书：中班［M］．北京：北京师范大学出版社．2007.）

第五节　学前儿童易患身体疾病的表现及预防

情境创设

妞妞4岁9个月了，是中班的小朋友，身高110cm，体重27kg，经体验评价为轻度肥胖。一学期以后，她的体重和身高又有了明显的增长，跨到了中度肥胖的行列。妞妞平时不爱运动，其他的小朋友喊她'小胖妞'、'懒虫'，妞妞很不开心，越来越郁郁寡欢。老师向家长反应情况，家长却不以为然，认为胖是健康的表现。

思考：通过案例分析讨论肥胖症给学前儿童健康成长带来哪些危害？妞妞的老师和家长应该如何去做？

一、佝偻病

1. 病因

（1）紫外线照射不足。人体所需要的维生素 D 除了一小部分可从食物中摄取外，主要通过皮肤接受紫外线照射后产生。若缺乏户外活动，人体缺乏维生素 D，影响钙的吸收，可导致佝偻病。

（2）生长过快。早产儿、双胎儿出生后生长速度较快，对维生素 D 的需要量较多，易患佝偻病。

（3）长期腹泻。长期腹泻会导致人体对钙、磷的吸收减少。

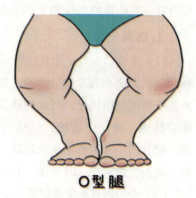

O 型 腿

（4）人工喂养。牛奶中钙、磷的比例不适当，人体吸收较差，人工喂养的乳儿易患佝偻病。

2. 症状

（1）一般症状。多发于佝偻病早期。表现为睡眠不安，夜间常惊醒哭吵；多汗，与气候冷暖关系不大。因头部多汗，头皮痒，患儿在枕头上蹭痒，导致枕部头发脱落，称为枕秃。

（2）骨骼改变。佝偻病进一步发展就会在骨骼上出现改变，具体表现为：

1）方颅——颅骨呈方形，显得头大脸小。

2）前囟晚闭——1 岁半尚未愈合。

3）串珠肋——肋骨上距胸骨几厘米处，有钝圆形的隆起，前胸靠下的几根肋骨比较明显。隆起自上到下呈一串珠子，故称串珠肋。

4）鸡胸——胸骨向前突出，胸廓变窄。

5）下肢弯曲——小儿会站、会走以后，下肢出现弯曲，呈"O"形或"X"形，影响步态。

（3）动作发育迟缓。

（4）大脑皮层兴奋性降低，条件反射形成迟缓，语言发展较晚。

3. 预防

（1）多在户外活动，接受阳光紫外线的照射。

（2）提倡母乳喂养，及时添加辅食。母乳中钙、磷的比例适当，人体吸收好，是理想的钙的来源。及时添加蛋黄、肝泥等辅食，从中获得一部分维生素 D。

（3）北方因冬季寒冷漫长，小儿出生后两周可开始服鱼肝油。若用浓缩鱼肝油，每日 3~4 滴。两岁以后，生长速度减慢，又常在户外活动，就不必再服药了。

（4）预防先天性佝偻病。胎儿出生前 3 个月，要从母亲体内摄取大量的钙，供骨骼钙化。若孕妇少见阳光，饮食中缺钙，胎儿出生后可患先天性佝偻病。因此，孕妇要常晒太阳，吃含钙丰富的饮食。

二、肥胖病

肥胖病是指皮下脂肪积聚过多，体重超过同年龄正常儿童很多。一般认为，体重超过相应身高应有体重的 20% 以上即为肥胖。

1. 病因

（1）多食、少动。家长往往误认为孩子越胖越健康，使小儿养成过食的习惯，所摄入的热能长期超过消耗量，剩余的热能转化为脂肪积存体内。缺乏适量的运动也为肥胖病的原因，肥胖的小儿大都不喜欢运动，形成恶性循环，从而更加超重。因多食、少动所致的肥胖，称为单纯性肥胖。

（2）遗传因素。父母肥胖，子女易成肥胖体型。

（3）心理因素。受到精神创伤或心理异常的小儿可能有异常食欲，导致肥胖病。

（4）内分泌疾病。因内分泌功能异常所致的肥胖，常伴有生殖器发育迟缓、体脂分布特殊等表现，可与单纯性肥胖相鉴别。

2. 症状

（1）食欲特别旺盛，食量超过一般小儿甚多，喜欢淀粉、油脂类食品。

（2）体格发育较正常小儿迅速，智力正常，性发育正常。

（3）体脂聚集以乳房、腹部、臀部、肩部尤为显著。

（4）易患扁平足。

3. 预防

（1）饮食管理。不宜使体重骤然减轻。最初，只要求制止体重速增，以后可使体重逐渐下降，至仅超过该年龄正常体重的 10% 左右时，即可不必严格限制食物，但仍需要控制食量。在饮食管理期间，仍需要照顾小儿的基本营养需要，但蛋白质供应量不宜少于 1~2 克 / 公斤（体重）/ 日，维生素和无机盐的供应量应充分。设法满足小儿食欲，不致因饥饿而感到痛苦。可提供热能少的食物，如萝卜、芹菜等。

根据以上原则，食物应以蔬菜、水果、粮食为主，加适量的瘦肉、鱼、鸡蛋、豆类等。饮食管理须长期坚持才能获得满意的效果。

（2）增加运动量。提高小儿对运动的兴趣，使之成为习惯，坚持锻炼。应避免因剧烈运动致使食欲大增。逐渐增加每天的运动量，至每日1小时左右。

（3）因内分泌失调所致肥胖，可针对病因进行治疗。

（4）因心理异常、精神因素所致，应进行心理治疗。

三、近视

近视眼是由于眼对光的屈折力同眼轴长度不相适应造成的。

1.病因

儿童不良的用眼习惯。

2.预防

（1）不在阳光直射或过暗处看书、画画。

（2）不躺着看书，以免眼睛与书的距离过近。

（3）不在走路、乘车时看书，因为身体活动时可导致眼与书的距离经常变化，极易造成视觉疲劳。

（4）集中用眼一段时间后，应望远或去户外活动，以消除视疲劳。

（5）看电视、上网应限制时间。每次，小班不超过半小时，中、大班不超过1小时。

四、弱视

弱视是指视力达不到正常，而又查不出可影响视力的明显的眼病，验光配镜也得不到矫正者。它属于儿童视觉发育障碍性疾病。

1.病因

（1）斜视。斜视是指双眼向前平视时，两眼的黑眼珠位置不匀称，一只眼的黑眼珠在正中，另一只眼的黑眼珠向外、向内、向上、向下偏斜。斜视使小儿产生复视（视物成双），这种视觉紊乱使人极不舒服。为排除这种紊乱，大脑就抑制来自偏斜眼的视觉冲动，日久，偏斜眼形成弱视。

（2）屈光不正或屈光参差，可致弱视。

（3）形觉剥夺。婴幼儿时期，由于种种原因不适当遮盖过某只眼睛，该眼因缺少光刺激，致使视觉发育停顿，形成弱视。

2. 弱视的危害

患弱视的儿童，因不能建立完善的双眼单视功能，难以形成立体视觉。缺乏立体视觉则不能很好分辨物体的远近、深浅等，难以完成精细的技巧，对生活、学习和将来的工作都带来不良的影响。

治疗弱视的最佳年龄阶段为学龄前期。随着年龄的增长，治愈的可能性逐渐减少。因此，早发现、早治疗是使患儿恢复正常视觉的关键。

3. 早发现弱视

（1）幼儿入园后，至少每年普查一次视力，视力不正常者应去医院进一步检查原因。

（2）若发现幼儿经常用歪头偏脸的姿势视物，或有斜视，应及早去医院检查诊治。

五、龋齿

1. 病因

残留在牙齿上的食物，在口腔内细菌的作用下产生酸，酸把牙齿腐蚀成了龋洞。钙化不良、排列不齐的牙齿，易患龋齿。

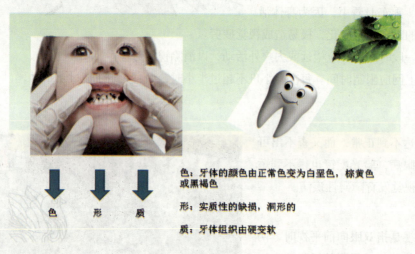

色   形   质

色：牙体的颜色由正常色变为白垩色，棕黄色或黑褐色

形：实质性的缺损，洞形的

质：牙体组织由硬变软

龋齿

2. 症状

（1）乳牙的牙釉质、牙本质较薄，龋洞易达到牙本质深层，遇冷、热、酸、甜等刺激，则有酸痛不适感。

（2）龋洞深入牙髓，可致牙髓炎，浓液积聚在髓腔内，压迫神经末梢，可引起剧烈牙痛。

3. 预防

（1）注意口腔卫生。3岁以前，饭后漱口，及时清除食物残渣。3岁以后，可学习刷牙，早晚各一次。晚上临睡前不要再吃东西。宜选用儿童保健牙刷，这种牙刷的刷头小、刷毛较柔软，适合儿童使用。采用顺着牙缝直刷的方法，刷上颌牙从牙龈处往下刷，刷下颌牙从牙龈处往上刷，可刷净牙缝里的食物残渣，且不损伤牙龈。

（2）合理营养。多晒太阳，使牙釉质正常钙化，增强抗酸能力。

（3）预防牙齿排列不齐。用奶瓶喂奶，勿使瓶口压迫乳儿牙龈；不吸吮干橡皮奶头；纠正幼儿吸吮手指、咬铅笔等不良习惯，以避免影响颌骨的正常发育。若颌骨发育不正常，可致牙齿排列不齐。

在换牙期间，若恒牙已经萌出，乳牙滞留，则形成"双排牙"，应及时拔去滞留的乳牙，使恒牙的位置正常。

4. 治疗

乳牙患龋齿，进展较快，不仅影响咀嚼功能，还可影响恒牙的正常发育，应及早治疗。

六、蛔虫病

1. 病因

感染性蛔虫卵污染了食物、饮水、手，儿童吸吮手指或食前不洗手，生吃未洗净的瓜果、蔬菜、喝生水，可将虫卵吞入。

2. 症状

（1）蛔虫寄生于肠道，影响肠道功能，使消化和吸收发生障碍，尤其在营养差及感染重的儿童，可引起营养不良。小儿面黄肌瘦、贫血，生长发育迟缓。

（2）因蛔虫的机械作用和代谢产物的化学刺激，病人可反复发作，脐周围疼痛，片刻可缓解。

（3）蛔虫寄生所产生的毒素刺激神经系统，可致睡眠不安、磨牙、烦躁不安等症状。

（4）过敏性体质的学前儿童常会发生荨麻疹、皮肤瘙痒等过敏现象。

（5）可能引起严重的并发症，如胆道蛔虫、蛔虫性肠梗阻、蛔虫性阑尾炎。

3. 预防

（1）粪便无害化处理，消灭蛔虫卵。

（2）教育儿童讲究饮食卫生和个人卫生，饭前便后要洗手，运动后要洗手，防止感染。

（3）每年集体驱蛔一次，宜选择在秋季、冬季进行。

学前儿童身体疾病
的预防

【议一议】

某幼儿园大型木制滑梯的一颗钉子冒出了一点。教师发现后及时向主管的副园长汇报。副园长因为忙，没有来得及找人修理，也没提醒家长。

一天，一位妈妈接女儿走过滑梯时，女儿说："妈妈，我好长时间没有玩滑梯了，我想玩一会儿，好吗？"妈妈就从后面把女儿抱上滑梯，女儿高兴地对妈妈说："妈妈，接着我！"

说着便张着双臂往下滑。突然，一声痛苦的尖叫让妈妈脸上的笑容凝固了。原来，那颗没有修理的钉子在女孩的腿上划了一道20多厘米长的伤口。

问题：是什么原因造成了幼儿的意外伤害？如何避免？

【练一练】

1. 请你设计一个教育活动案例，帮助幼儿学会如何用正确的方法刷牙。

2. 小班大多数小朋友不会正确地洗手，而且很多小朋友喜欢在水池边玩水，嬉戏打闹。请你针对这一现象，设计一个活动，帮助小朋友学会正确洗手。

3. 利用周末或者假期走访周边小区或者幼儿园，对学前儿童、家长、幼儿园教师进行幼儿园安全方面的调查，了解学前儿童的安全意识、幼儿园安全教育等内容，并写成调查报告。

【讲一讲】

1. 教师在开展常规教育时要注意的问题有哪些？
2. 学前儿童身体生长发育教育应注意哪些问题？
3. 学前儿童各年龄阶段安全教育的内容包括哪些方面？
4. 学前儿童易患身体疾病有哪些？如何预防？

小狗毛毛感冒了（小班）

活动目标

1. 了解感冒的明显症状，使幼儿知道看病、体检对人的健康有益，并能配合医生进行治疗。

2. 初步了解预防感冒的方法。

3. 知道感冒了不怕打针吃药，做个勇敢的孩子。

活动准备

木偶、小狗毛毛，牛医生、角色游戏小医生的几套用具。

活动过程

1. 教师利用本班幼儿生病的事例，导入活动，引导幼儿想一想生病了应该怎么办？为什么要吃药打针？

2. 观看情境表演：毛毛感冒了

提问：（1）毛毛为什么感冒了？

　　　（2）感冒后，毛毛和以前有什么不同？

　　　（3）毛毛是怎样治好感冒的？

让幼儿知道看病对人的健康有益，生病时要吃药打针，病才好得快，应听从医生的话。

3. 请幼儿讨论：你以前感冒过吗？有什么感觉？怎样做才好得快？请幼儿交流自己哪些地方做得好，哪些地方做得不足。

4.教师小结

5.角色游戏"小医生",让幼儿通过角色游戏扮演,巩固对防病、治病的认识。

活动延伸

1.参观医务室,让大夫为幼儿体检,使幼儿了解到体检对身体的意义,并向大哥哥大姐姐学习,积极配合医生的工作。

2.利用接种疫苗的机会,培养幼儿勇敢的精神,评选出"勇敢娃娃",给予鼓励。

活动评析

请尝试带着以下问题来评析本活动:本活动适合哪个年龄班的幼儿?哪些活动适合主题教学?哪些活动适合家园合作?哪些活动可以在日常生活中随机进行渗透教育?在各类教育活动中,教师应该注意哪些问题?哪些内容幼儿接受起来要困难些?

第四单元　学前儿童心理健康教育

心理健康教育是学前儿童健康教育的重要组成部分。学前儿童虽然已具有人体的基本结构，但是各器官、各系统尚未发育完善，其解剖、生理和心理特征与年龄较大的学龄儿童及成人相比有着很大的不同。他们对外界环境及其变化的影响比较敏感，容易受到各种不良因素的伤害。对学前儿童进行心理健康教育，创设有利于他们成长的环境和条件，控制和消除种种不利因素，不仅有可能纠正学前儿童的心理障碍和行为问题，更为重要的是，有利于增进他们的心理健康，培养健全的人格，使他们获得认知、情感、社会适应等方面的和谐发展。

◎了解学前儿童心理健康的内涵和标准以及影响学前儿童心理健康的因素。

◎掌握学前儿童心理健康教育的目标、内容、途径和方法，明确学前儿童心理健康教育应注意的问题。

◎能够运用所学专业知识对学前儿童常见心理问题提出指导策略。

第一节　学前儿童心理健康概述

孩子是个"心理学家"

午后，妙妙一家坐在沙发上边看电视边吃西瓜。这时，门铃响了，原来是小姨来看妙妙。小姨见大家在吃西瓜，就对妙妙说："给小姨一块西瓜吧。"可妙妙一手拿着瓜，一手挡在小姨面前说："西瓜凉，西瓜凉！"大家一听都哈哈乐了，连说妙妙真是人小鬼大。

妙妙似乎能从小姨的行为中读出小姨当时的想法，她既不想分享又不想伤害小姨，而是试图改变小姨的想法，从而改变小姨的行为，好比心理学家解释和改变人的行为一样。因此，曾有学者提到"儿童是个心理学家"，哪怕婴儿都是"摇篮里的心理学家"。

妙妙能做出这样的举动，说明她已经具有一定的"心理理论"知识。所谓"心理理论"是指对自己和他人的需要、信念、意图和感觉等，有了一定的认识，并能基于因果关系预测和解释对方的行为。虽然这并不是说孩子具有真正的科学理论，但它也是一种重要的能力。

孩子获得"心理理论"知识后，不仅更"狡猾"——知道如何利用别人的心理状态巧妙地改变别人的想法来达到自己的目的，而且能表现出更多帮助、关心、合作等成熟的社会行为，提高交往能力。

学前阶段是人一生中心理发展速度最快、最关键的阶段之一，心理健康对于成长中的学前儿童来说尤为重要。可以说，心理健康是学前儿童个性全面发展的基础，积极的自我意识能够使他们在学习中不怕困难，和谐的人际关系使他们更乐于参与幼儿园的各项活动。正如《幼儿园教育指导纲要（试行）》中指出："幼儿园必须把保护幼儿的生命和促进幼儿的健康放在工作的首位。树立正确的健康观念，在重视幼儿身体健康的同时，要高度重视幼儿的心理健康。"

一、学前儿童心理健康的内涵

对于"心理健康"这个概念，许多国内外学者都作了说明，但始终没有形成统一的定义。世界卫生组织在题为《心理健康：新理解，新希望》的报告中指出："心理健康是一种情感和社会的幸福感，个人能意识到自己的能力，能应对生活中正常的紧张，能创造性地或卓有成效地工作，能对自己和自己所生活的社会做出贡献。"我国学者林崇德等人认为："心理健康是一种个人的主观体验，既包括积极的情绪情感和消极的情绪情感，也包括个人生活的方方面面，其核心是自尊。"

据此可见，心理健康大多是定性的观察和总结，无法通过量化的数据进行测量和比较。由于学前儿童正处于心理健康的发展阶段，因此对他们的心理健康状况进行评价时应该运用发展和整体的眼光。

综上所述，我们认为，学前儿童心理健康是指学前儿童心理方面的良好状态，没有心理和精神疾病的症状，认知能力、情感表达、行为表现等方面达到相应年龄组儿童的正常水平，能够正常对待并适应环境的各种变化。

二、学前儿童心理健康的标准

一般认为，学前儿童的心理健康可以从认知、情绪、动作、人际关系、行为等方面衡量。综合国内外相关资料，一般将学前儿童心理健康的标准概括为以下五个方面：

（一）智力发展正常

智力发展正常是学前儿童心理健康的重要标志，它是儿童与周围环境取得平衡和协调的基本心理条件。智力通常是指以思维力为核心，包括观察力、记忆力、想象力和操作能力等各种认识能力的综合。智力水平一般用智商（IQ）来表示，如最常用的韦氏学前儿童智力量表（WPPSI）将学前儿童的平均智商定为100分，一般认为IQ在140分以上的是天才，IQ低于70分为智力低下。

遗传是学前儿童智力发展的自然前提，环境和教育是学前儿童智力发展的决定条件，其中教育起着主导作用。对于教育者而言，要抓住学前儿童各种能力发展的关键期，施行早期教育，为学前儿童创造更为优越的客观条件，充分激发学前儿童的智力潜力，提高智商。

（二）情绪积极稳定且反应适度

积极的情绪状态反映了个体中枢神经系统功能的协调性，也表明个体的身心处于良好的平衡状态。心理健康者与不健康者的主要区别，不在于是否产生消极情绪，而在于这种消极情绪持续时间的长短，以及它在人的整个情绪生活中所占的比重是否恰当。心理健康的学前儿童以积极的情绪表现为主，

积极情绪多于消极情绪，经常保持心境良好、愉快、乐观。心理健康的学前儿童也会出现短时的消极情绪，但随着年龄的增长，他们对情绪的自我调节能力有所增强，稳定性逐渐提高，并开始学习合理地疏泄消极的情绪。

学前儿童的情绪带有很大的冲动性和易变性，教师和家长要注意学前儿童的情绪保健，为他们创设良好的情绪外部条件，让他们的各种情绪都有适当的表现机会，并引导他们逐步学会用理智控制情绪，保持积极情绪，变消极情绪为积极情绪。

（3）动作发展正常

动作是制约学前儿童心理发展的因素之一，个体动作的发展与脑的形态及功能的发育密切相关。因此，学前儿童躯体大动作和手指精细动作的发展水平是否正常，是其心理健康的重要标志。

精细动作与大动作

学前儿童动作发展与身体发育的规律类似，体现了从上到下、由中心到边缘、由整体到分化等规律。

1. 从上到下（头—尾）

学前儿童最早发展的动作是头部动作，其次是躯干部动作，最后是脚的动作。任何一个学前儿童的动作总是沿着抬头—翻身—坐—爬行—站立—行走的方向发展。

2. 由中心到边缘（近—远）

接近身体中心（躯干）部分的肌肉和动作总是先发展，远离身体中心的肢端部分的动作最后发展。比如孩子先会抬肩，然后会用手取物就是这一规律的体现。

3. 由整体到分化

学前儿童最初的动作是全身性的、笼统的，以后逐步分化到局部、准确、专门化的动作。2个月大的婴儿对外界刺激的应答是手舞足蹈，全身活动。比如眼前有一个颜色鲜艳的玩具，婴儿会兴奋地全身乱动，但他很难抓到玩具；4~5个月他开始学习抓握玩具，并从粗大动作渐渐形成手眼协调、准确无误的动作。

（四）人际关系融洽

人际关系既是维持学前儿童心理健康的重要条件，也是他们获得心理健康的必要途径。学前儿童的人际关系主要是指学前儿童与家长、教师以及同伴之间的关系，从这些人际关系中可以反映学前儿童的心理健康状态。心理健康的学前儿童一般能与周围的人建立良好的关系，虽然他们的人际交往技能比较差，但乐于与人交往，能够理解和接

受他人，乐于与人合作、分享，尊重他人。心理不健康的学前儿童不能与人合作，对人漠不关心，缺乏同情心，斤斤计较，猜疑，嫉妒，退缩，不能置身于集体中，与他人格格不入。

帮助学前儿童形成融洽的人际关系，家长要鼓励孩子多与其他小朋友玩耍，让孩子们在共同的游戏活动中交流思想与情感，学会一定的交往技能。教师要做好示范，充满爱心，建立良

好的师幼关系。

（五）性格特征良好

性格是个性中最核心、最本质的表现，它反映在个体对客观现实的稳定态度和习惯化了的行为方式中。心理健康的学前儿童，一般具有热情、勇敢、自信、主动、诚实等性格特征；而心理不健康的学前儿童，往往具有冷漠、胆怯、自卑、被动、孤僻等性格特征。

三、影响学前儿童心理健康的因素

影响学前儿童心理健康的因素较多，深入了解其影响因素，对改善和促进学前儿童的心理健康有着重要意义。一般认为，个体的生物学因素、心理因素和外部世界的社会文化因素在共同作用和影响着学前儿童的心理健康。

（一）生物学因素

生物学因素对学前儿童的心理健康有着直接的影响，影响学前儿童心理健康的生物学因素主要包括遗传、孕妇的健康状况及儿童出生后的机体损伤和疾病等。

1. 遗传

遗传是指那些先天继承的、与生俱来的机体构造、形态、感官和神经系统等通过基因传递的生理解剖特点，是儿童心理发展的物质前提，遗传的不同奠定了儿童心理发展个别差异的最初基础。

2. 孕期状况

一个人漫长的发展过程从受精卵形成的那一刻就开始了，因此胎内环境对胎儿的生长和出生后的发展具有重要的意义。孕妇的身体状况，情绪状态，怀孕时的营养，接触烟酒、噪音及药物的情况都有可能直接或间接地影响胎儿的发育，进而影响学前儿童心理健康。

3. 机体损伤和疾病

人体各系统、各器官的活动是相互联系、相互协调、相互制约和相互统一的。首先，由疾病和意外伤害造成的脑损伤可直接引起学前儿童失语、痴呆、昏迷、意识障碍等症状，从而影响学前儿童的心理健康。此外，意外伤害和疾病造成的残疾、并发症和后遗症等，可以间接影响学前儿童的心理健康。

（二）心理因素

影响学前儿童心理健康的主要心理因素有需要、自我意识和情绪等。

1. 需要

人在活动中不断地产生需要和满足需要。当需要被满足时，会产生积极的情绪，比如喜悦、振奋等；当需要无法得到满足时，就会产生消极的情绪，比如失望、痛苦、悲伤等。

人本主义心理学家马斯洛将人的需要概括为 5 个层次：生理的需要、安全的需要、情感与归属的需要、尊重的需要和自我实现的需要。儿童年龄越小，对较低层次的需要越迫切。马斯洛认为，低层次需要的满足可以避免疾病，高层次需要的满足有利于健康。因此，高层次需要比低层次需要具有更大的价值，有时甚至为满足高层次需要而放弃低层次需要。例如，有的幼儿为了同伴之间的友谊，宁可将自己想玩的玩具让给别人，这样的幼儿较少以自我为中心，心理健康的水平也较高。

马斯洛的需要层次理论

马斯洛理论把需求分成生理需求（Physiological needs）、安全需求（Safety needs）、爱和归属（Love and belonging）、尊重（Esteem）和自我实现（Self-actualization）五类，依次由较低层次到较高层次排列。在自我实现需求之后，还有自我超越需求（Self-Transcendence needs），但通常不作为马斯洛需求层次理论中必要的层次，大多数会将自我超越合并至自我实现需求当中。

通俗理解：假如一个人同时缺乏食物、安全、爱和尊重，通常对食物的需求量是最强烈的，其他需要则显得不那么重要。此时人的意识几乎全被饥饿所占据，所有能量都被用来获取食物。在这种极端情况下，人生的全部意义就是吃，其他什么都不重要。只有当人从生理需要的控制下解放出来时，才可能出现更高级的、社会化程度更高的需要，如安全的需要。

第一层次：生理上的需要——呼吸、水、食物、睡眠、生理平衡、分泌、性

如果这些需要（除性以外）任何一项得不到满足，人类个人的生理机能就无法正常运转。换而言之，人类的生命就会因此受到威胁。在这个意义上说，生理需要是推动人们行动最首要的动力。马斯洛认为，只有这些最基本的需要满足到维持生存所必需的程度后，其他的需要才能成为新的激励因素，而到了此时，这些已相对满足的需要也就不再成为激励因素了。

第二层次：安全上的需要——人身安全、健康保障、资源所有性、财产所有性、道德保障、工作职位保障、家庭安全

马斯洛认为，整个有机体是一个追求安全的机制，人的感受器官、效应器官、智能和其他能量主要是寻求安全的工具，甚至可以把科学和人生观都看成是满足安全需要的

一部分。当然，当这种需要一旦相对满足后，也就不再成为激励因素了。

第三层次：情感和归属的需要——友情、爱情、性亲密

人人都希望得到相互的关系和照顾。感情上的需要比生理上的需要来的细致，它和一个人的生理特性、经历、教育、宗教信仰都有关系。

第四层次：尊重的需要——自我尊重、信心、成就、对他人尊重、被他人尊重

人人都希望自己有稳定的社会地位，要求个人的能力和成就得到社会的承认。尊重的需要又可分为内部尊重和外部尊重。内部尊重即自尊是指一个人希望在各种不同情境中有实力、能胜任、充满信心、能独立自主。外部尊重是指一个人希望有地位、有威信，受到别人的尊重、信赖和高度评价。马斯洛认为，尊重需要得到满足，能使人对自己充满信心，对社会满腔热情，体验到自己活着的用处价值。

第五层次：自我实现的需要——道德、创造力、自觉性、问题解决能力、公正度、接受现实能力

自我实现的需要是最高层次的需要，按照马斯洛的观点，自我实现是指个人的潜在能力、天资在发展过程中的不断实现，是使命的完成，是个人对自身的内在价值更充分地把握和认可。只有充分实现个人的全部潜能，即实现人生全部价值的人，才能成为自由的、健康的、无畏的人，也只有这样的人才能胜任工作，有发明，有创造，成为社会中充分发挥作用的人。自我实现的需要是指实现个人理想、抱负，发挥个人的能力到最大程度，达到自我实现境界的人，接受自己也接受他人，解决问题能力增强，自觉性提高，善于独立处事，要求不受打扰地独处，完成与自己的能力相称的一切事情的需要。也就是说，人必须干称职的工作，这样才会使他们感到最大的快乐。马斯洛提出，为满足自我实现需要所采取的途径是因人而异的。自我实现的需要是在努力实现自己的潜力，使自己越来越成为自己所期望的人物。

更高需求：自我超越需求——求知需要、审美需要

自我超越的需求是马斯洛需求层次理论的一个模棱两可的论点。通常被合并至自我实现需求中。1954年，马斯洛在《激励与个性》一书中探讨了他早期著作中提及的另外两种需要：求知需要和审美需要。这两种需要未被列入到他的需求层次排列中，他认为这二者应居于尊敬需要与自我实现需要之间。

2. 自我意识

自我意识是对自己身心活动的觉察，即自己对自己的认识。自我意识对学前儿童的心理活动和行为起着调节作用，主要包括三种形式：自我认识、自我评价和自我调节。学前儿童一般通过成人的评价和态度，同伴之间的交往和游戏的方式来认识自我、评价自我、调节自己的情绪和行为。自我意识不强的学前儿童，对挫折和冲突缺乏预测能力和处理技巧，往往造成任性执拗、攻击性行为和退缩性行为等。

3. 情绪

情绪包括情感感受力、情感控制力和理解、影响他人情绪的能力。情感感受力正常的儿童在受到别人的爱抚、关爱、照顾时会感到心情愉快，反之则表现出与亲人不亲近、冷漠、紧张、恐惧等。情感控制力正常的儿童能合理宣泄自己的不良情绪。另外，积极的情绪有益健康，消极的情绪有损健康，其中焦虑和恐惧对儿童的心理健康影响明显，经常使儿童产生一些问题行为。

（三）社会文化因素

社会文化因素主要指家庭、托幼机构和社会环境。

1. 家庭

家庭是以血缘为纽带的社会生活基本单位，家庭对孩子的影响是潜移默化的，具有强制性和导向性的特点。家庭结构、家长的素质、父母期望、父母的榜样作用、教养方式以及家庭中重要的生活事件，都会对学前儿童产生不同程度的影响。当外界出现不良刺激时，孩子的心理压力就会增大，进一步导致心理失调，引起烦恼、失望、悲伤、忧虑、恐惧等一系列情绪问题。

2. 托幼机构

托幼机构是学前儿童走出家庭、最早进入的集体，在课程设置、生活常规、健康安全等方面都能结合学前儿童的年龄特征和认知发展规律进行。在托幼机构中，影响学前儿童心理健康的因素主要有物质环境和人文环境两大类。良好的物质环境和人文环境培养和锻炼了学前儿童的独立生活能力、社会适应能力、学习能力以及人际交往能力，这对学前儿童的心理发展起到极为重要的作用。

 相关链接

在游戏中促进幼儿心理的健康发展

健康心理是一个人良好素质形成和发展的基础，对幼儿进行心理健康教育是幼儿园教育的重要任务。游戏是对幼儿进行心理健康教育的有效载体，它以其独特的吸引力，对促进幼儿心理健康发展有着其他活动所无法替代的作用。

体验成功，培养幼儿自信心。在游戏中对幼儿进行正确的引导和鼓励，让他们积极思考，大胆动手，从而获得成功的体验。幼儿在成功的体验中获得自信，积极、主动地投入到游戏中，展示自己的才能。

遵守规则，培养幼儿良好的道德品质。只有遵守游戏的规则，才能顺利进行游戏，使幼儿在游戏中逐渐形成"礼貌、遵纪守法、公平、平等"等道德规范，有利于培养幼儿的道德意识，发展幼儿的道德行为。

合作交往，培养幼儿的人际交往能力。在游戏中，幼儿通过自己与同伴的相互交流与合作，学会分享、谦让、互助、理解、尊重，从而提高人际交往的能力。

3. 社会环境

学前儿童是在一定的社会环境中成长的，社会环境对学前儿童的影响是十分广泛和复杂的。一定社会的文化背景、社会风气、社区环境、学习生活环境以及网络传媒等都会对学前儿童的心理健康产生影响。

当幼儿上课聊得比老师还起劲时

情景再现

中（6）班的数学活动时间，内容是分类活动"快乐的小鱼"。活动刚开始，涵涵就和邻座的桥桥讲个不停："我昨天去超市买了辆小汽车！""什么牌子的？""奥迪的，下次拿来给你看看！"……我走到他俩身边，轻轻地摸了摸他俩的头，示意他们别讲话，认真上课。被我这一摸，他们俩安静了一分钟，之后又开始聊起来了，而且越聊越激动，声音也越来越响。

临场应变

这两个孩子的兴趣完全在自己的话题里，压根儿没有心思来听我讲课，更严重的是，还影响了边上的同伴。我不动声色地一边继续上课，一边想着怎么巧妙地既"控制"住这两个"小鬼"，又不影响我的教学进程。于是，我没有严厉地制止他们，而是请涵涵回答问题："涵涵，请你说说今天来了哪几条小鱼？"涵涵一直在聊天，自然回答不上来。于是，我又接着问桥桥："桥桥，你来帮帮你的好朋友吧！"桥桥也是一脸茫然。最后，我请其他小朋友一起来帮助他俩回答。"现在记住了吗？"涵涵和桥桥连忙点点头。"那请你们再回答一遍刚才的问题。""有两条蓝色的小鱼、三条红色的小鱼和一条黄色的大鱼。""看看，只要上课认真听，你们都能回答对问题，都是聪明的孩子！涵涵，你的座位离老师有点远啊，所以你听不清楚老师说话。来，换到前面一点儿就能听清楚了。"我一边说着，一边把涵涵的座位换到了前面。这样，我在鼓励他俩的同时，也间接地提出了上课的要求。这下，涵涵和桥桥羞得脸都红了，接下来的时间听得可认真了，都非常积极地回答问题。

温馨提示

涵涵和桥桥这两个孩子特别外向，心里藏不住事情，总喜欢说出来。所以，一遇到新鲜的事情，他们总是喜欢分享，只是今天分享的时间不太对。这往往也是教师们经常会遇到的烦恼：老师在上面讲，幼儿在下面讲，有时声音还能盖过老师。分析其原因不外两个：缺乏课堂纪律意识和自我控制能力差。

在集体教学活动中，当幼儿只顾着自己聊天而不听教师讲课时，教师可以这样做：

①轻地走到幼儿的身边，摸摸他们的头，提醒他们注意听老师讲课。

②一个借口，巧妙地把爱聊天的孩子的座位隔开。

③请这些孩子回答问题。

④运用一些有趣的游戏，吸引孩子的注意力。

教师要注意，千万不能在全班幼儿面前训斥讲话的幼儿，如果这样做，会破坏课堂气氛，打断教学的连贯性。同时，当着全班幼儿的面批评聊天的幼儿，也是不尊重幼儿的表现。

除了上课聊天，有的孩子还喜欢在上课的时候打闹，招惹边上的同伴，或是出现其他影响集体教学的状况。这就要求教师在班级管理的过程中要做个有心人，了解每一个孩子的发展情况，在上课之前，对不同类型孩子的座位要有不同的安排。比如，尽量不要让几个非常调皮的男孩子坐在一起，应该给他们分开安排座位；教室座位的排列不宜过于密集，否则，容易引起幼儿的喧闹。对于个别特别不守规则的孩子，教师可以在上课之前先做提醒，鼓励他遵守规则。

此外，从小班开始，教师就应该注意培养幼儿在集体教学活动中遵守规则的意识。比如，安静倾听老师的讲话和同伴的发言，有问题可以举手回答；到了大班，幼儿必须学会经过教师的同意方可回答问题、上课专心听讲、不和周围的同伴聊天等好的习惯。通过循序渐进的培养，帮助幼儿养成自我控制的能力。如果班级孩子上课常规普遍比较差，这时教师就应该深入分析自身的原因：是教学内容不吸引幼儿，还是教学方法太死板枯燥？同时，教师还应了解幼儿的性格特点。之后，调整教学策略，使教学活动生动有趣，内容富有挑战性。教师也可以在上课之前与孩子建立约定，提出上课的要求。必要时，还可运用一些物质或精神的奖励进行正强化，鼓励遵守规则的幼儿，一旦幼儿形成了好的习惯，便可取消强化。

还有一点也很重要，这就是为幼儿提供自由聊天的机会。我们经常会发现，孩子们在洗手间特别活跃，聊天聊得特别起劲。因为这段时间，教师不一定会在洗手间内，没有了教师的管理，幼儿在洗手间会感觉到无拘无束，所以聊天也特别起劲。因此，教师应每天为幼儿提供自由交流的机会。教师可以在教室环境中为幼儿创设温馨、私密的"悄悄话"区，让好朋友一起聊聊天；也可以在一日活动中安排专门的、固定的聊天时间，让幼儿知道，哪一个时间段是聊天时间，让他们把想和好朋友说的话都在这个时候说一说。

第二节　学前儿童心理健康教育的实施

 情境创设

我不愿意当组长

一天，女儿盈盈放学回家，告诉我，她不想再当小组长了。我问上大班的女儿为什么。女儿回答："以前想当小组长，因为老师表扬我，小朋友也喜欢我，现在我不想当，因为小朋友都不愿意跟我玩，说老师总是表扬我。"我继续问："要是小朋友都选你呢？"结果，女儿回答："我可以让给其他小朋友。"盈盈平时很乖，能力很强，在幼儿园一直表现非常好，可没想到小小年纪的孩子却面临着意想不到的心理压力。作为家长，我要不要跟老师反映，别让盈盈继续当小组长？怎样才能帮助盈盈应对这意外的心理压力呢？

案例中，盈盈的家长提出了两个问题。提出第一个问题，说明家长还没有意识到孩子已经是大班儿童，具有一定的问题解决能力，在孩子需要决策时，家长的第一反应仍然是包办代替。其实，此时最好先跟孩子沟通，引导孩子自己做出抉择。即便跟老师沟通，也最好先由孩子来完成。只有问题不能解决时，家长才可以考虑给予辅助。

盈盈能当上小组长，看起来似乎和能力有关，说明盈盈已经有了一定的问题解决能力。那家长更不必事必躬亲。是否继续当小组长，应该在和盈盈进行有效沟通之后，才能下定论。

第二个问题的提出，说明家长非常关注孩子的心理发展，对孩子遇到的困境也非常敏感。受小组长一事的启发，家长希望能够了解一些适合孩子应对心理压力的方法。家长可谓用心良苦，帮助孩子构建强大的内心，以应对未来可能遇到的心理压力，这的确是现代家长应该认真对待的一课。

　　身体健康和心理健康是密切相关的，心理健康教育是学前儿童健康教育的重要组成部分。实施心理健康教育，使他们从小具有健康的心理素质，是人的发展的需要，也是社会发展的需要。

一、学前儿童心理健康教育的目标

　　学前儿童心理健康教育是根据儿童的心理发展特点，有目的、有计划、有组织地开展的以改善和提高儿童的心理健康认识，培养儿童的健康行为，维护和促进儿童心理健康为核心目标的一系列教育活动。学前儿童的心理健康教育是系统的、完善的心理素质启蒙教育，在学前教育中占有重要位置。对学前儿童进行心理健康教育，使每个幼儿都能受到良好的心理健康培养，使他们逐步形成健康的心理和良好的心理素质。

（一）学前儿童心理健康教育总目标

1. 学习适当表达情绪情感和思想的方法；
2. 培养对他人的积极情感；
3. 改善与人交往的技能；
4. 形成与人合作、分享和商量的品质；
5. 增强积极的自我意识；
6. 发展自尊、自信、自主和自我控制；
7. 养成良好的习惯以及培养对问题的决策能力，自觉抵制有损于心理健康的行为。

（二）学前儿童心理健康教育各年龄阶段教育目标（表4-1）

表4-1　学前儿童各年龄阶段心理健康教育的具体目标

年龄阶段	教育目标
0~3岁	1. 通过对婴幼儿的护理和照顾，婴幼儿情绪愉快，对周围人产生信任感 2. 伴随与周围环境接触增多，情感等心理活动逐渐发展，语言能力发展迅速 3. 经常与婴幼儿交流，促进语言、思维、想象力以及性格的发展
3~4岁	1. 学习用适当的方式表达情绪，初步学会排解不愉快，喜欢与他人分享快乐 2. 愿意与同伴合作玩玩具和游戏，能勇敢地玩一些户外大型玩具 3. 知道男女在外形上的不同，知道并认同自己的性别角色
4~5岁	1. 喜欢幼儿园集体生活，能与同伴互相合作，团结友爱 2. 能自觉遵守活动的规则和要求，初步形成良好的日常行为习惯 3. 关心周围的人、事、物，学会爱亲人、朋友、老师
5~6岁	1. 学会用积极的心态去理解和帮助别人 2. 对待挫折、困难，勇敢顽强 3. 对力所能及的事情有自信心，具有较强的竞争和合作意识

二、学前儿童心理健康教育的内容

　　学前儿童心理健康教育的内容是心理健康教育目标的具体化，直接体现心理健康教育目标，并为实现心理健康教育目标服务。学前儿童心理健康教育内容的选择，一方面受学前儿童心理健康教育目标的制约，另一方面也要考虑学前儿童的年龄特征和心理发展水平以及心理健康状况。

（一）帮助学前儿童学会表达情感和调整情绪

情绪情感是影响学前儿童心理健康的一个重要因素，他们有时不知道该如何表达自己的情绪情感，对情绪情感的控制还有困难。因此，要给学前儿童创设良好的情绪情感环境，它能给予学前儿童潜移默化的影响，使学前儿童的情感和行为受到感染，有利于他们良好情绪的产生。

首先，帮助学前儿童学会恰当地表达情感。规范学前儿童在不同的场所和氛围中的行为，例如，在客人面前不能无故发脾气，在医院、电影院里不能大声喧哗等。要为学前儿童提供机会，让他们能大胆、自信地表达自己的情绪、情感和思想，特别是在他们遇到挫折、感受到不愉快时，能不受压抑地表达、发泄和沟通，这样可以减轻学前儿童心理上的压力，避免产生过激行为。

其次，帮助学前儿童学会调整自己的情绪。当学前儿童的情绪表现强烈而难以自制时，要适时转移注意力，用他们感兴趣的活动或玩具帮助其从当前情绪状态中摆脱出来。当学前儿童在生活中产生不良情绪时，要进行合理疏导，教会学前儿童一些方法来及时释放不良情绪，减轻内心压力。

另外，要引导学前儿童形成乐观、向上、开朗、自信的良好心态，不对事情过分苛求；正确评价自己，坦然面对挫折，对周围环境有安全感，学会自我鼓励、自我安慰；对成功或失败反应适度。

（二）帮助学前儿童学习社会交往技能

研究表明，2-6岁是学前儿童社会能力快速发展的时期，学前儿童在这个阶段通过学习而获得的社会交往技能对于其一生的社会适应能力具有非常重要的作用。但是，学前儿童并不是生来就知道如何适应社会生活和如何与人相处的，必须向他人学习，这就要求成人帮助学前儿童掌握一定的社会交往技能和方法。

首先，帮助学前儿童学会感知和理解他人的情感。在托幼机构中，教师可鼓励学前儿童向同伴表露自己的情绪情感，让同伴知道自己的愿望。这种同伴之间的相互表述和讨论有益于他们将自己置身于他人的立场考虑问题。同样地，角色游戏也是让学前儿童感知和理解他人情感的良好途径。通过扮演各种角色，丰富学前儿童的生活经验，增进对他人情绪情感的理解。

其次，帮助学前儿童学会分享与合作。在托幼机构中，教师通过设立一些节日庆祝活动，让学前儿童带上自己喜欢的玩具和食品与同伴一起分享，感受与表达与人分享的快乐。为学前儿童提供与同伴一起工作、共同完成任务的机会，让他们感受通过合作而获取成功的快乐。

此外，帮助学前儿童达成与同伴及相关成人、周围现实环境的协调和适应；帮助学前儿童学会基本的礼貌礼节。

（三）帮助学前儿童养成良好的习惯

习惯是一定情况下比较固定的、完成某种动作的自动化的倾向，是一种信念和行为的定势，具有稳定持久的特点。帮助学前儿童养成良好的习惯，对其一生将会产生积极的影响。学前教育阶段主要是培养学前儿童良好的生活习惯、卫生习惯和行为习惯。

首先，帮助学前儿童养成良好的生活习惯。学前儿童的日常生活包括按时睡眠、起床、饮食、排便以及室内外的活动等。要在每天固定的时间让儿童按时睡眠，养成良好的睡眠习惯；一旦习惯养成，每到睡眠时间，儿童就会自动入睡。使儿童养成按时按量进餐、细嚼慢咽、不吃零食、不暴饮暴食、不挑食偏食等良好饮食习惯。一岁半左右，培养儿童每天按时大便的习惯，一般应在起床后 5 分钟进行。

其次，帮助学前儿童养成良好的卫生习惯。良好的个人卫生习惯包括勤理发、勤剪指甲、勤换衣服、勤洗澡、饭前便后洗手、吃东西前洗手、不抠鼻子、不挖耳朵等。要让学前儿童懂得，个人的清洁卫生不只是自己的事，还关系到是否尊重别人，培养学前儿童自觉养成良好的卫生习惯。

帮助学前儿童养成良好的行为习惯。培养学前儿童良好的行为习惯，需要家长与教师形成教育合力。教师可以发动家长与孩子一起讨论制定行为规范，让学前儿童认识到习惯的重要性。要纠正学前儿童的一些不良的行为习惯，如攻击性行为、退缩性行为、神经性尿频等。

（四）对学前儿童进行初步的性教育

学前儿童对自己性别的认识，对自己在社会生活中应起的作用的认识，以及性意向的发展，是他们社会化发展的一个重要的部分。这一发展结果，不但影响到儿童期的心理活动和行为特点，而且关系到他们最终形成的个性，影响到他们的一生。

帮助学前儿童确立正确而恰当的性别同一性和性别角色。通过游戏的方式，使学前儿童知道其是男是女。用表演游戏、角色游戏的方式，让学前儿童模仿、学习与自己同性别的成人的行为和语言方式，加深自己的性别认同。同时，要注意纠正学前儿童的性角色偏差。对有性别偏差倾向的幼儿，要与家长取得联系，找出问题产生的原因，家园配合及时纠正。

三、学前儿童心理健康教育的途径

学前儿童心理健康教育是健康教育的组成部分，学前儿童的心理健康离不开成人对其心理状态的关注和呵护。充分利用各种有效的途径，有目的、有计划地组织实施心理健康教育，才能将其落到实处。

（一）正式的途径

1. 开设专门的心理健康课程

根据学前儿童心理健康教育的目标和内容，或是针对当前存在的实际问题，向学前儿童进行有关的心理健康教育。例如，对于心理健康教育中某些学前儿童不太容易理解的健康常识，不太容易掌握或需要系统训练的健康行为技能等，教师可以通过有目的、有计划、精心地设计教学活动，引导并启发学前儿童探索、理解和掌握，同时将学前儿童的健康教育有机地渗透在托幼机构各领域的教育之中，才能形成学前儿童健康良好的心理。

2. 设置心理健康教室

心理健康指导是学前儿童心理健康教育的重要组成部分，它是指在托幼机构开设专门的心理健康教室，配备专业学前儿童心理健康教育指导老师，对心理健康方面有问题的学前儿童进行初步干预，对于有心理障碍的幼儿，要视障碍程度进行分级管理和分别矫正。特别严重的，可建议家长带学前儿童到专业的心理咨询师那里进行系统的治疗。

（二）非正式的途径

1. 家园配合做好学前儿童心理健康教育工作

在进行心理健康教育的过程中，家园配合是必要的途径，只有使得双方的教育达成一致，才能取得持续的教育效果。教师要深入学前儿童的家庭进行访谈，获取有关信息，及时发现问题，了解学前儿童在家的表现，找出问题的原因，进行分析和个别心理辅导，促进家园配合，引导他们向更和谐、更完美的人格方向发展。

2. 寓心理健康教育于一日活动的各个环节

幼儿园一日活动各个环节的渗透影响，是实施学前儿童心理健康教育的有效途径，具有一定的优势：一方面，日常生活中的心理健康教育自然、及时；另一方面，日常生活中的心理健康教育能在其他教育活动中得以延伸，有利于巩固幼儿的健康行为。在幼儿入园后，进餐、如厕、就寝等生活方面的问题，教师可以适时予以行为指导。在常规活动之外，对于突发事件，教师应迅速做出反应，给予幼儿相应的帮助和指导。

四、学前儿童心理健康教育的方法

实施学前儿童心理健康教育的方法很多，在实际教育教学活动中，只有科学、合理、灵活、创造性地运用教育方法，才能真正实现学前儿童心理健康教育的目标。开展学前儿童心理健康教育常用的方法主要有以下几种。

（一）讲解法

讲解法是指用具体、形象、生动的口头语言，结合直观教具或实物（模型）向学前儿童说明、解释有关心理健康的一些粗浅知识，以提高学前儿童的认知水平，帮助他们改善对心理健康的态度。在运用这一方法时，一定要循循善诱，让学前儿童自己意识到自己的言行正确与否，是否给同伴带来不良影响等，语言上要符合学前儿童的认知水平。

（二）情境表演法

情境表演法是指让学前儿童以表演的方式，体验生活中不同角色在一定情境中遇到的问题和冲突，并让他们认识到自己行为正确与否，及时纠正行为偏差，帮助他们形成健康心理的方法。

由于情境表演法直观、形象、有感染力，情境来源于学前儿童的现实生活，因而容易激发他们的兴趣和表演欲望。在运用这一方法时，家长和教师要注意引导学前儿童积极思考，锻炼他们判断是非的能力和学习选择办法的能力。

（三）行为练习法

行为练习法是指让学前儿童对已经学过的技能和行为进行反复练习，加深和巩固他们对某个行为或技能的理解和掌握，从而逐步在日常生活中形成稳定的行为习惯。行为练习法以直接、具体、典型等特点，减少了中间环节，符合学前儿童喜欢模仿的心理特征，有利于进行个别教育。在运用这一方法时，家长和教师要注意行为练习的兴趣性、持续性和指导性，这样才能取得良好的效果。

（四）讨论评议法

讨论评议法是组织学前儿童参与心理健康教育的过程，通过提出问题、发表意见、共同交流而取得较一致的认识。它可以使学前儿童拥有更广阔的空间和主动权，积极地参与到心理健康教育的活动中，理解和尊重他人的情感和观点，有利于培养学前儿童的交往能力和口语表达能力。这种方法的运用，可以是在同伴之间的，也可以是在儿童和成人之间的。应当允许学前儿童发表不同的看法，也应当鼓励他们表达自己真实的情绪和情感，以及对他人的观点发表评议。

（五）榜样示范法

在心理健康教育中，树立榜样，让学前儿童通过模仿从无意到有意、从自发到自觉学习榜样的行为和习惯，这是心理健康教育的一种行之有效的方法。榜样可以是同龄儿童的良好行为，或是学前儿童喜欢的媒体中的人物形象的良好言行。值得注意的是，在学前儿童良好行为形成的过程中，具有决定性影响作用的是父母和教师的行为。在运用这一方法时，家长和教师要以身作则，为学前儿童树立模仿学习的典范。同时，家长和教师在为学前儿童选择榜样时，要注意榜样的典型性、权威性和情感性，使榜样和范例能对学前儿童的行为起到启动、控制和矫正的作用。

五、学前儿童心理健康教育应注意的问题

（一）幼儿教师必须具备健康的心理素质

幼儿教师的心理健康与否，直接影响着学前儿童的心理健康。因此，要对学前儿童进行心理健康教育，幼儿教师首先应注意提高自身的心理健康水平，合理安排和处理教学以外的事务，保证在教学中以良好、健康的心理进行教学和指导；在教学中切实以自己的言行给幼儿正面、积极的影响，恰当地指导幼儿积极面对日常生活中发生的影响心理健康的事情，促使幼儿心理朝着健康的方向发展。

（二）面向全体和照顾个别相结合

对幼儿进行心理健康教育，既要面向全体幼儿，又要照顾到个别幼儿，使不同的幼儿得到不同的发展。面向全体幼儿，要根据幼儿的身心发展规律以及心理健康教育活动自身的特点，精心设计丰富多彩的游戏活动，提高幼儿参与的主动性。通过参与活动，指导幼儿处理活动过程中所发生的事情，促使幼儿心理健康发展。同时，在游戏过程中还应仔细观察，正确看待幼儿的个别差异，注意对特殊幼儿的照顾，使每个幼儿的心理都能得到健康发展。

（三）家园密切配合

家庭环境是学前儿童形成个性心理的第一场所。家庭成员，特别是父母对孩子个性心理的形成有着很大的影响。因此，要促进学前儿童的心理健康发展，需要有效整合幼儿园和家庭的教育影响，使各方面的力量保持一致，形成合力，这样才能促进学前儿童的心理健康发展。对于学前儿童出现的各种心理问题，教师都要及时与家长联系和沟通。一方面，可以了解孩子心理问题产生的原因；另一方面，可以取得家长的支持和配合，共同采取一致性的引导策略，促进学前儿童的心理健康发展。

（四）不轻易给幼儿"贴标签"

教师要尊重每个幼儿，保护他们健康成长，不要轻易下结论，如指责某幼儿有"多动症"，或是其他行为异常。这会对幼儿的心灵造成严重伤害，导致其社会性发展受阻。

如果发现某幼儿有一些症状与幼儿易患的心理疾病相似，教师应及时提醒家长带孩子去医院

检查，以免错过最佳治疗年龄。即使幼儿真的患有某方面的心理疾病，教师也应尊重并保护其隐私，尽量为其提供正常的交往环境，并在家长的配合下尽可能帮助治疗，促进其健康发展。

你给孩子贴"心理标签"了吗？

重视实施幼儿心理健康教育

积极构建安全、温馨的健康心理环境。环境对幼儿能否健康生活有着不可忽视的影响，年龄越小的幼儿对心理环境要求比物质环境的要求更为重要。苏联教育家霍姆林斯基指出"教育——首先是教师跟孩子精神上的接触"也就是说，教师与幼儿心灵的沟通是教育的前提和基础。教师应"以关怀、接纳、尊重的态度与幼儿交往"。如果教师身体离幼儿很近，而心却离得很远，总以冷漠的态度对待他们，幼儿得不到老师的支持和帮助，就会逐渐失去对教师的信任，不安全感就会增加；如果讽刺、挖苦、嘲笑孩子，当众损伤孩子的人格，会使孩子失去自尊；长期得不到肯定，在批评中长大的孩子不会有自信心。因此，教师要多站在幼儿的角度，体察他们童心的需要。同时，为幼儿创设和谐的班级环境，平等的师幼关系，如在活动区可根据幼儿的年龄增设新生入园亲子区、聊天室、娱乐天地等，给予幼儿充分抒发情感，增进交往空间。使幼儿感到在安全、温馨的氛围中生活，有助于幼儿情绪安定、心情愉快。因此，老师必须给予幼儿实践锻炼机会，放手让幼儿去独立完成一些起简单的，力所能及的任务，给予他们充分表现自我的情感氛围，尊重他们的意见，鼓励他们的主动行为，让他们在实践中感受自身能力，从而提高自我评价水平。总之，老师要善于抓住每个幼儿身上的闪光点，引导他们看到自己的进步，使他们相信自己的优点和长处，增强自信心，创设乐观、积极向上的精神氛围。

利用幼儿园得天独厚的同伴群体，建立良好的同伴关系，培养幼儿良好的社会适应能力。现在的幼儿绝大多数都是独生子女，在家视为"小皇帝"被捧着。但特殊的家庭环境和居住条件，使他们失去了很多彼此交往、协作、谦让、友爱的机会。随之而来的是孤僻、任性、依赖、唯我独尊、做事缺乏自信心。教师应充分利用幼儿园得天独厚的同伴群体，为幼儿创设相互接纳、信任、尊重的集体生活的氛围，有助于幼儿心理品质的形成。

以游戏活动为载体，满足幼儿活动的需要，提供幼儿交往的机会，培养良好的性格和意志品质。

1.不同的游戏活动，对幼儿各方面起着不同的作用。

如：幼儿在体育游戏中，躯体大动作和手指精细动作的能力得到很好的发展；而智力游戏对幼儿认知能力的正常发展有积极的促进作用；创造性游戏满足了幼儿的情绪、培养了社会交往能力和良好的性格。譬如，在中、大班的表演游戏中，幼儿对"大风车"的主题很感兴趣。开始时，几个孩子为扮演自己喜欢的"金龟子"、"小鹿姐姐"等角色发生争执，而使表演难以进行下去，这时他们也逐步意识到需要商量一下角色的分配、表演哪些节目等内容。于是，幼儿通过与同伴在游戏中协商、分工、合作、谦让等，锻炼了幼儿的交往能力，对幼儿形成良好的性格有很大促进作用。

2. 在游戏中，注重对个别幼儿的教育。

游戏中，总有个别胆小，害羞，懦弱的幼儿，他们往往不敢与同伴交往，更不会主动投入游戏中去。为培养其自信心，教师应鼓励他们大胆地加入同伴的游戏中，可以用关心的语气询问他们："你们为什么不去玩？""你看他们玩得多开心""老师跟你一起玩好吗？"并在游戏过程中不断地对他们进行鼓励和表扬。如在游戏刚开始时，有的幼儿不知玩什么，教师可通过扮演角色，用游戏口吻激发幼儿和老师所扮的角色一起玩，让幼儿逐渐克服胆怯的心理。在幼儿敢于表达自己的愿望，投入到游戏中以后，教师应及时给予表扬，鼓励他们加入到同伴的集体中，让他们体验成功的乐趣。一次成功，胜过百次说教，幼儿的自信心就会有效地得到培养。

3. 在游戏的趣味中感受规则的基本要求，以培养幼儿意志品质。

由于幼儿具有自我中心的特点，自控能力较差，不理解规则的重要性，因此，遵守规则的能力也较差，针对这一共性特点，我们设计了一些规则性较强的游戏，将游戏与规则融为一体，使幼儿在游戏中将被动遵守规则转变成为一种主动行为，目标最终在愉快中完成。

例如，在"猴子与大石头人"的游戏中，将幼儿分为红队和绿队，再请几名幼儿扮"猴子"。游戏开始，"猴子"在前面玩耍，"石头人"在后面任意模仿，当听到口令时，"猴子"们猛一回头，这时，"石头人"最后不论什么动作，也决不能再变动，任凭"猴子们"随意骚扰，能坚持不动为胜者，胜者多为胜队。在游戏中，孩子们为了获胜，都努力地控制自己，一定要坚持到底。因为他们已经认识到自己是集体中的一员，自己的一举一动都关系到本队的荣誉，增强了集体意识，懂得了如何在集体中约束自己的行为，体验到了遵守规则的重要性，趣味中使幼儿愉快地接受了规则。同时，自控能力和抗干扰能力也得到了提高，

发挥家庭、社区的教育作用，形成整体合力，共同促进幼儿心理健康发展。幼儿是在周围环境的相互作用中发展起来的。幼儿期，他们对周围环境的辨别力差，对成人依赖性强，教育的作用体现在生活中的人、事、物对幼儿的影响，也是幼儿生存环境直接作用于幼儿发展。如何为幼儿创设良好的心理教育环境，变不利因素为有利因素，使幼儿在园、在家、在社区环境中受到同样的教育，更使幼儿在良好环境中健康成长，需要发挥家庭、社区、幼儿园教育合力，共筑幼儿心理健康环境，以此促进心理健康发展。

第三节　学前儿童常见的心理问题及指导

他为什么爱拆玩具

林林是个5岁的男孩，什么玩具到他手里玩不了多久就给拆坏了。为这事妈妈打过他好几次，可他改不了。他妈妈带他去看病，心理医生说，在一般情况下，这种儿童拆玩具的行为表明一种探究性活动。孩子往往对玩具为什么会动、会响感到好奇，总想把它拆开看看。

家长第一次看见孩子拆玩具时，千万不要呵斥、批评，而要问清原因，尽量满足孩子的求知欲。当然也不是鼓励孩子拆玩具，而应该把这种好奇心巧妙地引导到生活中其他有趣的现象上来。例如水面张力、空气弹性这些既简单又常见的小实验，常常会引起孩子很大的兴趣。孩子也许不懂其"所以然"，但在他们幼小的心灵里却会早早地留下许多个"为什么"，等待以后回答。

幼儿期是个体社会化的初始阶段。这一阶段的发展，对学前儿童今后乃至一生的发展都是极其重要的。此时所造成的任何心理上的落后和偏差，都会给学前儿童今后的发展和教育带来很大的困难。无论从学前儿童本身发展的角度，还是从当前的实际情况来看，预防和矫治学前儿童心理问题已迫在眉睫。

学前儿童本身天真单纯、活泼可爱的特点，使得他们的一些心理问题常常被成人忽视。而且，正常心理和异常心理的区别是相对的，并非泾渭分明，很难找出一条严格的界限。尤其是年幼的学前儿童，如果观察不仔细，识别不准确，干预不到位，会对他们的成长产生不良的影响。所以，对学前儿童成长过程中的心理问题，我们应当在认识、了解的基础上，给予特别的关注。

本节列举了学前儿童常见的一些心理问题，从这些问题表现出来的共性进行归类，简要地阐述了睡眠障碍、情绪障碍、不良习惯、行为障碍、发展与学习障碍的表现、诱因和矫治方法。

常见心理卫生问题
及指导

一、睡眠障碍

（一）睡眠不安

1.表现

睡眠不安是学前儿童常见的睡眠问题，表现为睡眠时经常翻动、肢体跳动、反复摇头、无故哭闹、磨牙、讲梦话等。有的不愿上床睡，要抱着走动，或是迟迟不能入睡、浅睡或早醒。

2. 诱因

睡眠不安的主要原因是学前儿童心理压力过大，过于焦虑或紧张。此外，不良的睡眠习惯也会加重睡眠不安的情况。

3. 矫治

睡眠不安一般不需要特殊治疗，通过缓解学前儿童的精神压力，调节作息时间，多参加户外活动即可取得明显效果。

（二）夜惊

1. 表现

夜惊的主要表现为学前儿童入睡后不久，在没有受到无任何外部刺激的情况下，突然大声哭喊，并从床上坐起，或两眼直视，或两眼紧闭，表情非常惊恐。此时很难唤醒，对他人的安抚、拥抱等不予理睬。持续一段时间后，学前儿童又自行入睡，醒来后什么都记不起来。夜惊以 5~7 岁的儿童较为多见，男童的发生率高于女童。

2. 诱因

心理因素及环境因素常常是夜惊的诱因。如父母吵架、亲人伤亡、生活中遇到的困难，都会使学前儿童情绪紧张；又如睡前看了惊险片、听了恐怖的故事，或被家长呵斥后入睡等，都会造成孩子精神紧张；另外，卧室温度过高、手压迫前胸睡觉、晚餐过饱、患肠道寄生虫病等也可导致夜惊。

3. 矫治

对于躯体有疾病的学前儿童要尽早治疗。在确保学前儿童躯体没有疾病后，一般不需要特殊治疗。只需要想办法消除心理诱因和改变不良的环境因素，培养学前儿童良好的睡眠习惯，起居有常。随着年龄的增长，大多数学前儿童的夜惊会自行消失。

（三）梦游

1. 表现

学前儿童在睡眠中突然坐起或下床活动，意识模糊不清、徘徊走路或做些游戏的动作，不易唤醒，持续大约数分钟后又可安静入睡，醒后全部遗忘。此外，梦游的儿童常常伴有夜间遗尿。

2. 诱因

家庭性遗传是导致学前儿童梦游的一个重要原因。白天游戏过于兴奋，以致睡眠中出现模拟白天游戏的动作或者精神焦虑不安，不良情绪得不到缓解，均会导致梦游。遗尿症患儿常并发梦游症。此外，少数学前儿童由于脑部感染、外伤或罹患癫痫、癔症时，也可能发生梦游现象，需要医生加以鉴别。

3. 矫治

学前儿童出现梦游不必过于惊恐，绝大部分随着年龄的增大，中枢神经系统发育成熟会自愈，但如果一周出现三次以上，病情可能会进一步延续到成年。对有梦游的学前儿童，家长和教师要注意消除和缓解引起其紧张和不安的因素，避免过度劳累和睡眠不足，在学前儿童发病时可能出现的地方采取必要的安全保护措施，对于由疾病引起的梦游要及时治疗，以免病情加剧。

二、情绪障碍

学前儿童在其成长的过程中，都有过焦虑、恐惧、担忧的情绪体验，这是正常的。而当这些情绪发展成为过度的、削弱身体机能状态的不良情绪时，则会影响个体的健康成长。

（一）焦虑

1. 表现

个体在预感潜在的危险或不幸时，会产生强烈的负性情绪和紧张的身体症状，这就是一种焦虑状态。学前儿童的焦虑常表现为过度烦躁，焦虑不安，伴有睡眠不好，做噩梦，讲梦话，食欲不振，气促，出汗，尿频，头痛等植物神经功能失调的症状。

学前儿童中最常见的焦虑是分离焦虑，即学前儿童与依恋对象分离时产生过度的焦虑情绪反应。一旦依恋对象离开，则表现出烦躁不安、哭喊、发脾气，甚至出现头痛、恶心、呕吐等躯体症状，但无相应的躯体疾病，当重新与依恋对象在一起时，症状完全消失。

2. 诱因

不良的环境、不恰当的教育方法是导致或加重学前儿童焦虑反应的重要原因。如父母对某些危险估计过高，常给孩子一些多余的劝告、威胁、禁令等，使他们整天焦虑不安；父母没有针对孩子的年龄特点而过分严厉或过分溺爱等。

3. 矫治

预防和矫正学前儿童的焦虑，应从改善环境和教育方式入手。父母应根据孩子的年龄、智力水平等对其有合理的要求，既不溺爱，也不苛求；要从各方面帮助学前儿童树立克服困难的信念，培养孩子形成坚强的意志和开朗的性格；同时，父母也应当完善自我、改变自我，以良好的教育方式帮助学前儿童健康成长。

儿童焦虑症

（二）恐惧

1. 表现

恐惧是指向当前的危险情绪，具有强烈的逃离倾向，伴有交感神经系统的全面启动。由于学前儿童和他们所处的环境是不断变化着的，在某个年龄阶段属于正常的恐惧，几年之后可能是不适当的，甚至成为一种心

理障碍。如果恐惧对学前儿童的日常生活影响较小，而且只持续数周，这种恐惧可能是正常发展的一部分。反之，学前儿童处于持续的、极度不安的恐惧状态中，则会影响学前儿童的身心健康。

表现为：对某些物体或特殊环境产生异常强烈、持久的恐惧，明知恐惧对象对自身无危险，但无法控制恐惧与焦虑情绪，内心极度痛苦；有回避行为，往往有逃离恐惧现场的行为；自主神经系统功能紊乱，如心慌、呼吸急促、出汗、血压升高等。

2. 诱因

关于恐惧发生的原因说法不一。精神分析学说认为，这是由潜意识内冲突产生焦虑，而又移置和外表化于所害怕的物体和境遇所致。相互影响学说认为，恐惧是发生和保持在特定的家庭人际关系和社会关系之中的。另有学者认为，恐惧与患儿存在的素质因素有关，如个性内向、胆怯、遇事易产生焦虑等。经历或目睹过意外事件也是造成恐惧的原因之一。

3. 矫治

对于恐惧的矫治可采用行为治疗的暴露疗法，即通过多种不同形式呈现令学前儿童恐惧的情景或物体。这些方法包括呈现现实的情景或物体、计算机虚拟的情景或物体，角色扮演，通过想象或观察他人在面对这些情景或物体时的表现，以提供应对的有效方法。临床研究表明，行为治疗结合支持疗法、认知疗法、松弛治疗及音乐与游戏疗法，一般可取得较好疗效。对症状严重的患儿需要辅以药物治疗。

经常拥抱可以消除宝宝的恐惧

小宝宝出生后，周围有许多因素可以引起宝宝恐惧或焦虑，从强烈的噪声或光线直至人体本身。世界是陌生的，宝宝需要一些时间来适应周围环境，但是如果能充分地得到母亲的爱抚就会容易得多。因此，建议母亲敞开你的怀抱，用身体亲近宝宝。

对于宝宝来说，再也没有比母爱更珍贵更重要的精神营养了。这不仅仅因为宝宝生活环境的巨大变化，更重要的是宝宝已经是个懂得母爱，并能用哭声和微笑来呼唤母亲爱抚的具有初步智慧和情感的人了！新生儿尝过躺在妈妈怀里的滋味以后，他就会体验到与母体接触带来的舒适感和温暖。事实上，宝宝天生就喜欢与母体接触，这不仅可以促进宝宝发育，而且还能使宝宝感到一种安全、舒适和温暖。宝宝最喜欢的是母亲温柔的声音和笑脸。当母亲轻轻地呼唤宝宝的乳名时，宝宝就会转过脸来看她。因为还在子宫里，宝宝就听惯了她的声音。出生第一天，当宝宝觉醒时，宝宝就会紧盯着母亲的脸，特别是眼睛。通常情况下，宝宝经常会哭哭啼啼的，但被亲人轻轻抱起后，哭声便会渐渐停止，泪水也不再流了。这是因为抱者的体温，仿佛把暖意传至他的心中。听来玄妙，但事实是，轻抱宝宝有利于其成长发育。当宝宝哭泣时，如果妈妈把他抱起来摇一摇或踱一踱步子，往往就能使他安静下来。但很多朋友却认为，宝宝哭时不要立刻就去抱他，而应当培养他的意志，否则孩子越抱越要抱，会把宝宝惯坏的。其实不然。出生后半年内的宝宝是不会因为他一哭就抱他而被惯坏的。相反，你要对他的哭闹及时做出反应，以满足他的需要。尽管有时哭也是活泼型宝宝消耗充沛精力的一种需要。当我们抚摸宝宝的身体时，他就会踢腿，咯咯地叫，而身体变得鼓鼓圆圆的。他会很兴奋，因为身体接触让他感到非常愉快。

（三）屏气发作

1. 表现

屏气发作又称呼吸暂停症，是指学前儿童在遇到发怒、惊恐、不如意的事或剧烈哭闹时，突然出现急剧的情绪爆发，随即发生呼吸暂停的现象。屏气发作时，由于屏气导致高碳酸血症和脑缺氧，而且哭泣时脑血管收缩和继发性呼吸道痉挛，使心跳减慢引起血流量减少，最后出现昏厥及抽搐。屏气发作一般发生于6个月至3岁左右的婴幼儿，3~4岁以后逐渐减少，6岁以上很少出现。

2. 诱因

屏气发作的原因除了与情绪因素有关外，还与机体缺铁有关，发病的学前儿童中有相当一部分的病例同时患有缺铁性贫血。

3. 矫治

应尽量消除可引起学前儿童心理紧张的各种因素；正确教养，不溺爱孩子；补充铁剂，纠正贫血，同时注意合理膳食；当学前儿童屏气发作时，家长要镇静，待其恢复后转移其紧张情绪。

（四）暴怒发作

1. 表现

暴怒发作多数发生在学前儿童的欲望和要求得不到满足时，通过特殊的声音和行为来引起别人的注意，在被劝阻和关注时常常会变本加厉，只有在要求得到满足和彻底不被理睬的时候才会有所收敛。暴怒发作时，学前儿童的各种过火行为短时间内往往无法劝阻，情绪失控，大喊大叫、哭闹、尖叫、在地上打滚、用头撞墙、撕扯自己的头发或衣服，伴有骂人、踢打或攻击别人，而自己很少受伤害；还会出现呕吐、遗尿或屏气发作。男女都可发生，没有明显的性别差异。

2. 诱因

造成暴怒发作的最主要原因是学前儿童的需要得不到满足。当然，也可以通过模仿和学习他人而获得和强化。学前儿童暴怒发作的维持和发展与父母及他人对待其暴怒发作的态度和结果有关。

3. 矫治

暴怒发作的治疗原则是家长必须对孩子有正确的教育观念，用合适的方法爱孩子，溺爱和迁就只会妨碍教育。对于正在发作的学前儿童可以尝试以下方法：

（1）冷处理法

当暴怒发作时，切莫向学前儿童发火，采取冷处理的方法，当学前儿童发现自己达不到目的便会自然平息。如果向学前儿童发火，一方面会使他的情绪更加激动；另一方面也会让他误以为这是解决问题的正确方式，以后也会用同样的方式对付别人。

（2）转移注意法

如果学前儿童因想要玩而暴怒发作，可以用他喜欢看的动画节目或其他感兴趣的事情来吸引他，转移注意力。待其暴怒发作过后再给以安慰，并加以教育。

（3）暂时隔离法

如果学前儿童的暴怒发作无法控制，可将他安置在一个房间内，在暴怒发作消除数分钟后再解除隔离。但要随时注意观察，防止学前儿童自伤、撞伤、触电、跳楼等意外情况发生。

三、不良习惯

学前儿童不良习惯是指在儿童发育过程中出现的异常行为，如吸吮手指、咬指甲、摇摆身体、习惯性阴部摩擦等。这类行为多次重复，以至难以纠正，成为一种缺少控制的自动反应。有专家认为，所有的孩子都会出现程度不同的不良行为习惯，往往随着年龄的增长、教育或环境的变化而逐渐消失，一般不会持续到成年。但不良习惯应当引起成人足够的重视，因为它的滋生会影响儿童心理健康的发展。

（一）吸吮手指

1. 表现

吸吮是人类的一种反射动作。据儿童心理学的研究，胎儿在母体子宫内就有了吸吮手的行为。刚出生的婴儿，用任何物体碰触他的嘴唇，都会引起吸吮反射。婴儿早期由于吸吮反射的存在，可能有吸吮手指的行为，这属于正常的生理现象。而到了学龄前期的儿童，仍然自主与不自主地反复吸吮拇指、食指等手指的行为，则视为异常。

2. 诱因

儿童吸吮手指的原因，一是自我安抚的需要。研究发现，由母乳喂养的孩子吸吮手指行为的发生率较低，因为母乳喂养婴儿有较长的时间吸吮，孩子即使吃饱了，也不会马上停止吸吮，这样，孩子与母亲的充分接触可以消除紧张焦虑而得到情感上的满足。二是婴儿期不适当的教养方式所致。当婴儿饥饿时，几乎都会吸吮手指，如果不能及时得到食物，他就会长时间的吸吮手指，寻求安慰。孩子在身体疼痛或不适时，也用吸吮手指来转移注意。而寂寞、焦虑、紧张，如养育者对孩子缺乏关心，没有足够的玩具或经常使其独处，不能与周围的人和物交流，婴儿就会以吸吮手指自娱。

3. 矫治

（1）要定时、定量、喂足、喂好婴儿，让其从小养成良好的生活和饮食习惯；

（2）要有丰富而合适的环境刺激，多提供与人交往的机会，转移其注意力；

（3）在手指上涂抹苦味的方法被证明也是很有效的。

（二）咬指甲

1. 表现

年龄小的儿童经常会不由自主地用牙齿将长出的手指甲咬去，有的还咬指甲周围的表皮或足趾，有的还伴有多动、睡眠不安、吸吮手指、挖鼻孔等多种行为问题。

在 3-6 岁的幼儿中，发生率较高，随着年龄增大后，症状可自愈，但有少数人养成顽习，这种行为可持续终生。

2. 诱因

研究表明，咬指甲往往是学前儿童内心紧张的一种表现方式。家庭不和、心情矛盾、父母管教太严、精神高度紧张等都会使学前儿童形成强烈的心理压力，与咬指甲习惯的形成直接相关。

3. 矫治

（1）找出并消除导致孩子心理紧张和焦虑的因素，创造和谐愉快的生活气氛；

（2）早期教育要合理，多组织孩子参加集体活动，培养广泛的兴趣，减少过早、过多的学习压力；

（3）建立良好的卫生习惯，定期修剪指甲。

（三）习惯性阴部摩擦

1. 表现

习惯性阴部摩擦是学前儿童比较常见的一种不良习惯。主要是指儿童用手玩弄或摩擦外生殖器，引起面色潮红、眼神凝视或不自然的现象。6 个月左右的婴儿即可出现，但多数发生在 2 岁以后，女孩多于男孩。

2. 诱因

（1）生殖器局部不洁或患有疾病引起阴部瘙痒，促使儿童摩擦止痒，以致形成习惯；

（2）由于偶然机会的摩擦获得快感而形成的习惯。

3. 矫治

（1）帮助孩子去除诱因，对孩子的局部病症及时治疗；

（2）保持外阴部的清洁、干燥，不穿开裆裤、紧身裤；

（3）转移孩子的注意力；

（4）建立正常的生活制度，鼓励孩子多参加集体活动，尤其是室外活动。

四、行为障碍

（一）多动症

1. 表现

（1）活动过多

活动过多是多动症儿童最常见的症状。这类儿童大多数从小就表现得兴奋多动、不安宁，如过分地来回奔跑，在活动室内喧哗吵闹，在座位上不停地扭动，多招惹他人。平时多嘴多舌，过度喧闹，不知爱护玩具、图书等，常与同伴争执，片刻都难以安静。这种儿童的多动与一般儿童的好动不同，多动症儿童的活动是杂乱的、缺乏组织性和目的性的。

（2）注意缺陷

注意缺陷是多动症儿童最突出的表现之一。不能持久集中注意一件事（活动），而表现得心不在焉或凝神发呆，易受环境的干扰，常常半途而废。

（3）情绪冲动

多动症儿童的行为先于思维，往往不经过考虑就行动。多动症儿童由于克制力差，常对一些不愉快的小事做出过分的反应。他们的情绪不稳定，脾气暴躁，想要什么，就必须立即得到什么，会在冲动下做出一些危险举动及破坏、伤人的行为。

（4）学习困难

多动症儿童大多智力正常或接近正常，但都表现出学习困难。部分多动症儿童可能有不同种类的认知功能障碍，如语言功能障碍、视觉运动功能障碍、空间功能障碍等。有的多动症儿童分不清6和9，b和d，倒读文字、反写字等。

2. 诱因

（1）遗传因素

儿童多动症具有家族性倾向。国内研究表明，多动症儿童中的父母幼时顽皮多动的人数比率为36.4%，有注意力不集中的人数比率为27.1%。

（2）脑损伤

有学者认为多动症的原因可能是轻微的脑功能失调，这种失调可能与脑的损害有关。在现实生活中，造成脑损伤的可能性极多，如母亲怀孕时受到风疹等病毒的感染；服用过多有害胎儿脑组织的药物等。

（3）铅中毒及食品添加剂

有人测定发现，多动症儿童的血铅水平较正常对照组为高。现已发现，轻微铅中毒病人可出现活动过多、注意力涣散的症状，而严重的铅中毒可导致中毒性脑病及痴呆，因而不少学者推断，铅污染可能是多动症的一个重要致病原因。另外，食品添加剂及一些饮料、糖果、香肠中的成分等，也被怀疑可导致多动症。

（4）环境因素

不良的社会环境和家庭环境，均可增加儿童患多动症的危险性。如城市中的高楼剥夺了孩子与大自然接触的机会；家庭管教过严，父母过多干涉孩子的活动，家长过分溺爱等。

3. 矫治

（1）教育干预

家庭和学校的教育干预是治疗多动症的重要方法之一。正确的家庭教育方式和有规律的生活习惯能够给患儿创设舒适的环境，以达到放松的状态。在学校教育中，行为强化是占主导地位的干预方法。

（2）心理治疗

应用支持性心理疗法，对老师和家长说明多动症的性质，惩罚责骂会造成儿童的精神创伤，使儿童不愿配合治疗。同时要向老师和家长说明，消除各种紧张因素，严格作息制度，增加文体活动等对多动症的治疗有积极作用。

（3）药物治疗

多动症症状明显且严重影响其集体活动和生活的儿童，可考虑用药物疗法。药物治疗有积极的方面，但也有副作用，因此需要在医生的指导下谨慎用药。

（二）感觉统合失调

1. 表现

感觉统合失调是指进入大脑的各种感觉刺激信息不能在中枢神经系统有效地进行统合处理，大脑对身体各器官失去控制组合能力。这类儿童往往会表现出多种多样运动的不协调、平衡失调、视觉障碍、触觉障碍、注意力不集中、多动不安等。

2. 诱因

感觉统合失调的原因很复杂，目前尚未完全明确，主要与孕育过程中出现的问题及生产方式、出生后的抚养方式有关。例如孕期用药、情绪不稳定、剖腹产，出生后抚养者少摇抱，没有学会爬就先会走等。缺乏运动、缺乏游戏、缺乏大自然的熏陶都是导致学前儿童感觉统合失调的因素。

3. 矫治

家长要进行心理调适，不给孩子压力，除必要的训练外，引导孩子融入同伴交往中，让孩子做自己力所能及的事，定期参加各类体育锻炼，适当进行触觉训练，对患儿的大脑进行刺激训练，也可通过特定的治疗器进行运动训练。

相关链接

感觉统合训练

　　感觉统合训练是指基于儿童的神经需要，引导对感觉刺激作适当反应的训练。此训练提供前庭（重力与运动）、本体感觉（肌肉与感觉）及触觉等刺激的全身运动，其目的不在于增强运动技能，而是改善脑处理感觉资讯与组织并构成感觉资讯的方法。

　　感觉统合训练的关键是同时给予儿童前庭、肌肉、关节、皮肤触摸、视、听、嗅等多种刺激，并将这些刺激与运动相结合。

　　感觉统合训练涉及心理、大脑和躯体三者之间的相互关系，而不只是一种生理上的功能训练，儿童在训练过程中获得熟练的感觉，增强自信心和自我控制的能力，并在指导下感觉到自己对躯体的控制，由原来焦虑的情绪变为愉快，在积极积累经验的基础上，敢于对意志想象进行挑战。

　　感觉统合训练就是要用耐心培养孩子的兴趣，建立孩子的自信心；要让孩子在感觉统合训练游戏中感到快乐，自动自发才有效；感觉统合训练因人而异，让孩子每天都有多样的感觉刺激。

感统训练课程

（三）攻击行为

1. 表现

　　攻击行为是指有意想要伤害他人心理或身体的行为，表现为儿童在遭受挫折时采取打人、咬人、扔东西等方式引起别人的对立或争斗。

　　这类行为多见于男童，在学前期和学龄初期儿童中较为常见，到学龄后期日渐减少。

2. 诱因

（1）同伴的攻击行为的示范作用；

（2）周围环境的不良影响；

（3）家长不正确的教育思想

3. 矫治

　　矫治学前儿童的攻击行为，应注意改变亲子之间、师生之间以及同伴之间的关系，对这些关系中的紧张因素进行分析，指导学前儿童正确地处理和解决。在有些情况下，可采用暂时隔离法进行治疗。

（四）退缩行为

1.表现

退缩，是指与他人相处时表现出胆小、害怕或局促。大多数学前儿童在陌生环境中可表现出短暂的退缩，随着时间的推移，能够较快适应新的环境。而有退缩行为的学前儿童，适应新环境较困难。他们从不主动与其他小朋友交往，沉默寡言，在人多的场合，他们总是静坐一旁。这种行为多见于5~7岁的儿童。

2.诱因

退缩行为的出现，与学前儿童后天的教育和环境因素有关。家长的过度娇宠、过分保护与退缩行为的形成有直接关系。

3.矫治

要矫治退缩行为，从小就要培养学前儿童的交往能力，父母既不能溺爱孩子，也不能以粗暴的态度对待孩子的过失。对待有退缩行为的学前儿童，父母要态度温和，有耐心，多用鼓励的方法，让孩子在心情放松的情况下，帮助孩子发展社会交往的技巧，一步一步建立他的自信心。

五、发展与学习障碍

在人类发展的早期，人们对个体发展与学习障碍的认识充满着无知和责备。到了20世纪中叶，人们对发展与学习障碍的认识有了迅速的提高，对其产生的原因以及为患这种障碍的儿童和成人提供帮助的方法方面，都有了长足的进步。

（一）孤独症

1.表现

儿童孤独症又称为儿童自闭症，是一类以严重孤独，缺乏情感反应，语言发育障碍，刻板重复动作和对环境奇特的反应为特征的精神疾病。

一般在3岁以前就会表现出来，还有的孩子在一两岁时看起来很正常，到3岁左右才发现有异类表现。

2.诱因

虽然孤独症的发病机制并不完全清楚，早期研究认为是父母教养方式不当所致，但目前的研究表明，孤独症主要和生物学因素有关。引起孤独症的危险因素可以归纳为生物学因素和环境因素。

孤独症孩子

（1）生物学因素

生物学因素首先指遗传因素，研究显示，孤独症存在遗传倾向性，是由环境致病因子诱发的疾病。其次指孕期和围产期对胎儿造成的脑损伤，如孕期病毒感染、宫内窒息或者孕妇酗酒、服药不当，也可导致子代患孤独症的概率增加。

（2）环境因素

环境因素在儿童孤独症中所扮演的角色未有定论。但早期生活单调，缺乏情感、语言等适当的刺激，没有形成良好的社会行为，也可能诱发孤独症。

3. 矫治

关于孤独症没有特效药物治疗，治疗方法也多种多样，如感觉统合训练、游戏疗法、音乐疗法等。但目前没有疗效特别显著的疗法，且各种疗法有互相融合的趋势。值得注意的是，孤独症治疗一般认为是年龄越小、效果越好，所以应该早发现，早治疗；康复训练的重点应放在提高儿童基本的生存能力和生活自理方面的训练；尽量为患儿创设正常的生活环境，上普通幼儿园，这样有利于儿童交往能力、语言能力的发展；坚持治疗，持之以恒。

（二）口吃

1. 表现

口吃，是学前儿童语言障碍中常见的现象，它表现为正常的语言节律受阻，不自觉地重复某些字音或字句，发音延长或停顿，伴有跺脚、摇头、挤眼、歪嘴等动作才能费力地将字进出。由于口吃影响到学前儿童与人的正常交往，所以口吃患者常遭人嘲笑并变得自卑、孤独、易激动和焦虑，口吃出现的年龄在 2~5 岁最为多见。

2. 诱因

（1）生理原因

现代科学研究证明，口吃与遗传或某种脑功能障碍有关。此外，生理疾病如儿童耳鼻喉科疾病也易引起口吃。

（2）模仿

儿童时期看到结巴说话有趣可笑，模仿结巴，很容易学会口吃。如果与口吃者生活在一起，更易受到经常的感染而成为口吃。

（3）教养方式不当

1~3 岁是儿童掌握日常语言的关键时期，但每个孩子的发育水平不一致。有的父母见孩子说话迟或说不好，便给予斥责，硬逼孩子练习说话，使孩子对说话紧张不安而发生口吃。

（4）惊吓

儿童在受到巨大惊吓时，身体器官的许多功能都可能失去正常，语言也会紊乱产生口吃乃至失语。惊吓刺激过后，通常逐渐恢复正常，但也有可能成为一种心理潜藏的病因。特别是当口吃被意识为一种可怕的后遗症而对它失去治愈信心时，口吃便成为一种心理障碍。

3. 矫治

依据以上的原因，矫正口吃最好的办法是消除学前儿童的心理紧张因素。首先，应该正确对待学前儿童说话不流畅的现象，成人在关注儿童语言发展水平的同时，不要让自己急切焦虑的心情影响了其正常发展。其次，要创造良好的语言环境，成人和孩子说话时要正确示范，教给孩子正确的说话方法，语速适当放缓，表达自然。再次，帮助孩子树立治愈口吃的信心，家长不要过分注意或当众议论孩子的口吃，也不能模仿或嘲笑他。最后，必要时可以采用一些特殊的言语矫正措施，对儿童进行语言训练，注意说话时的平稳、缓慢、清晰，并在不同场景中多练习。

（三）语言发育迟缓

1. 表现

语言发育迟缓是一种由于大脑发育迟缓而造成的语言障碍，可分为接受性语言障碍和表达性语言障碍。前者到一岁半，仍不能听懂生活中简单的言语，但能对环境的声音作出相应的反应；后者在一岁半时，能听懂生活中简单的言语，但语言含糊不清，词汇十分贫乏，不能用语言表达自己的意思，并且学习语言的速度十分缓慢。这些儿童多数智力正常，也无听力障碍。

2. 诱因

语言发育迟缓最常见的原因是精神发育迟滞，轻度者表现为说话延迟；中度者词汇量少而单调，句法结构简单，语言的理解与表达能力均降低；重度病例完全不能发展言语能力。语言发育迟缓可能的原因是脑组织的有关部位功能发育不完善；生活在封闭的环境中，缺少与人交流的机会；父母过度疼爱自己的孩子，孩子不用开口，就能满足他的一切需求。

3. 矫治

对接受性语言障碍的患儿，应偏重语言理解、听觉记忆、听觉知觉的训练，并由易到难，长期坚持。对表达性语言障碍的患儿，要着重鼓励、训练他用语言表达的能力。

幼儿园教育活动伤害幼儿心理的个案分析

美国心理学家艾吉兰教授指出："心理上受过伤害的儿童，在其成长中所遭受的思想和心理阻滞，甚至比在肉体上受过伤害的儿童更大。因为心理上的伤害是对儿童自尊心的破坏。"有些孩子性格内向，如果受到心理伤害，就会整天郁郁寡欢，烦躁不安，时间长了容易得抑郁症等心理疾病；而对于外向的孩子而言，如果他们心理上经常受到伤害，就会以攻击性、报复性、破坏性、恶作剧等心理问题行为来向外界发泄内心的不满。

做一线教师多年，我们其实每天都在自觉或不自觉地审视自己的教养行为，有得当的，亦有不妥的；有给孩子带来愉悦体验的，也有挫伤孩子自尊心的……观摩同行们的一日活动，自己心里也在自觉不自觉地对别人的保教行为加以评判。近两年来，我以保教活动中幼儿的心理伤害问题为研究的切入点，对部分幼儿在园的表现以及个性上出现的一些问题进行了个案实录与分析，目的是尽量减少保教人员不恰当的言行对幼儿心理造成的伤害。在幼儿园的一日保教活动，更多的是日常生活环节的管理。通过对保教人员在组织幼儿就餐、午睡等环节中的一些言行进行个案跟踪及系统的观察发现，保教人员很随便的一些言行，其实已对孩子造成了"心灵伤害"，即所谓的"冷暴力"。

镜头1：

离园前，菁菁向保育老师报告："老师，陶陶打我的！"保育老师阴着脸："陶陶，你又打人了？走，到小班去！我们大班不要你了！"说完便拖着陶陶往外走。陶陶不肯走。正好这时，菁菁的奶奶来接。这名保育老师喊来菁菁和陶陶，对菁菁说："菁菁，陶陶刚才打你的，现在你也打他两巴掌，这样就扯平了！"

现象解读：

有些教师对那些调皮或犯了错误的幼儿，不进行正面耐心的教育，而是施以恐吓，久而久之，会形成孩子胆小怕事的性格，压抑其个性。虽然教师暂时把他们管住了，但会对孩子的心理造成负面影响。

镜头2：

中班的故事课上，老师正在给大家讲太空人的故事。讲到精彩处时，小虎插了嘴。老师瞪了他一眼，没说话。讲完故事的老师走到小虎面前："你现在说吧，我给你时间说！怎么不说？哑巴了？以后全班小朋友都不要理他，让他一个人说好了。"

现象解读：

有些教师在处理问题时，往往运用头脑中已有的模式去武断评判，可谓"对人不对事"。又如，"你又骂人了，上次你打小朋友的事还没跟你算账呢"，这种话极大地挫伤了孩子的自尊心、进取心，使孩子自暴自弃，本来存有的悔改之意也就荡然无存了。

镜头3：

庆庆今天好不容易得到老师点名回答问题的机会，又激动，又兴奋，吭吭哧哧、结结巴巴还没回答清楚，老师就打断他说："好了，你坐下吧。"然后老师就自顾自按照自己的思路把"正确答案"说了出来。

现象解读：

"老师，我来发碗。"孩子兴高采烈地举手说。"不行！碗一拿到你手里就打翻了。"孩子黯然地放下手。有的教师认为自己对幼儿不体罚，没谩骂，已经很不错了，这样做没什么大不了的。无疑，老师的这一言行极大地挫伤了孩子的上进心和积极性。

综上所述，在幼儿园的保教活动中，给幼儿造成心理伤害的原因主要有以下几方面：保教人员对幼儿身心健康的认识模糊，往往只重视幼儿的生理健康；师幼关系不密切，气氛不融洽，幼儿得不到教师的尊重、关心、爱抚和认可，甚至受到冷落或惩罚；教师的人格特征也影响到幼儿的心理健康，如教师情绪不稳定，偏爱儿童，对儿童不友善，不亲热，无同情心和爱心，脾气暴躁等。除了保教人员方面的因素外，幼儿园的教育和教学活动的组织和安排是否合理，是否符合学前儿童发展的一般规律，幼儿园的环境创设是否科学等，也影响着幼儿的心理健康。

知识巩固

【议一议】

从小由外婆带大的芳芳已经4岁了，平时很少出门和小朋友玩耍。家里来了客人，她从来不主动打招呼，总是躲在大人身后。一开始，父母只以为芳芳个性胆小、害羞，没有太在意。

芳芳上个月开始上幼儿园，前两周她几乎整天哭。后来逐渐不哭了，却很少开口说话，以致越来越孤僻、不合群。虽然有时也会偶尔和别人说一点话，也只是用点头、摇头、做手势的方式来表示。令人奇怪的是，芳芳回家后有说有笑，与家人交流得很好，感情也很好，相处亲密，没有发现其他什么异常。

请根据所学知识判断该儿童属于哪一种心理问题，并提出具体解决方案。

【练一练】

1. 学前儿童心理健康的标准是什么？

2. 学前儿童心理健康教育的内容有哪些？

3. 学前儿童心理健康教育的途径有哪些？

【讲一讲】

以小组为单位设计一个健康领域的活动方案，并上台展示。

第五单元 学前儿童体育

　　学前儿童体育是学前儿童全面和谐发展教育的一个重要组成部分。也是学前儿童健康教育的重要内容之一。科学的、适合于学前儿童的体育活动，是增强幼儿体质最积极和最有效的因素，也是增进幼儿健康的一种积极手段。身体运动对学前儿童的发展具有两大功能或价值：促进幼儿身体机能和运动机能的协调发展；以身体运动为方式或手段，促进幼儿心理的健康发展。有些老师认为：玩《大风车和树叶》实现了走和跑的目标，玩《猫捉老鼠》实现了爬的目标。其实，体育活动的目标是发展幼儿的耐力、速度、平衡能力、灵活性、协调性等多方面的能力。我们要将一学期对幼儿发展的要求整合起来，进行系统、全面的考虑，并有计划、有目的地利用一切可以发展幼儿能力的机会，使幼儿得到锻炼，以便最大程度实现幼儿体育的目标。

　　◎了解学前儿童体育的内涵
　　◎掌握学前儿童体育活动的内容和方法
　　◎了解学前儿童体育的活动目标
　　◎运用学前体育教育理论进行体育活动的设计、组织与实施

第一节 学前儿童体育概述

情境创设

儿童走进"小胖墩"时代

"就在我们到处呼吁要消灭'豆芽菜'的时候，越来越多的'小胖墩'出现了。"中华预防医学会少儿分会主任委员季成叶曾在"北大糖尿病论坛"上指出，2000年前后，发达地区的大城市就已经全面进入儿童肥胖的流行期。

专家认为，儿童的生活方式："由动到静"的改变是造成肥胖的重要原因。由于居住条件的变化，以及家长对孩子用功学习的要求，使得儿童户外活动和锻炼的机会越来越少，而"静"的活动则明显增多，比如看电视、上网、做作业等等，这些都是如今儿童的主要生活内容。生活方式上各种细微的变化，使现在的孩子活动不断减少，消耗的热量越来越少。

由于儿童、青少年处于生长发育的旺盛时期，要在保证生长发育和预防、控制超重和肥胖几方面掌握好"度"，更是一个复杂的问题。"安排儿童膳食时，既要防止肥胖的发生，又不能忽视他们生长发育的营养需求。因而，青少年防治肥胖的途径，更重要的是'动'，而不是'少吃'。"

思考：阅读完上述材料，对你有什么启示？你有什么好的对策吗？分组讨论并分享交流。

一、学前儿童体育的内涵

幼儿体育和学前体育可以从狭义和广义两个视角进行定义。狭义的幼儿体育，是指幼儿在幼儿园由老师养护幼儿，有目的、有计划地指导幼儿掌握卫生保健知识、发展动作和增强体质的教育；广义的幼儿体育是按照幼儿身心发展规律，以维护和促进幼儿身心健康为目的所进行的教育活动。狭义的学前体育特指幼儿园的体育教育；广义的学前体育，是从幼儿个体出发，泛指影响这个年龄段体育活动的多种因素如社会、家庭、幼儿园体育活动等。

学前教育是基础教育的基础，学前儿童体育是学前儿童全面发展教育的一个重要组成部分，也是学前儿童健康教育的重要内容之一。2012年，教育部颁布的《指南》已为幼儿后继学习和终身发展奠定良好基础为目标，以促进幼儿体、智、德、美各方面的协调发展为核心，突出了体育在幼儿全面发展中的重要意义。科学安排学前儿童的体育活动，对于增强学前儿童的体质，提高身体素质，增进健康水平，更好地适应未来社会的发展，具有重要和深远的意义。学前儿童体育锻炼是遵循儿童生长发育规律和体育活动的规律，以增进儿童健康为主要目标，以身体练习为基本手段，结合日光、空气、水等自然因素和安全、卫生措施，锻炼儿童的身体，增强儿童良好的身体素质，促进他们身心全面、和谐发展的教育活动。

二、学前儿童体育在学前教育中的地位

学前儿童体育教育是学前教育中的重要组成部分，是促进幼儿身体健康的主要途径，而健康的身体是保证人的一切的物质基础。因此学前教育以"体"为先，承担着促进幼儿正常生长发育、增强体质、提高健康水平、促进身心和谐发展为目的的各种教育活动。

学前体育教育类似于学校体育教育，但由于学前体育教育活动面对的是幼儿时期，因此存在着其独特性。学前体育教育是把幼儿最基本的活动能力与最大限度的人的全面、整体的成长结合在一起，而成为行为多样化的重要源泉。学前体育教育活动是幼儿综合发展的重要平台之一，是幼儿全面发展的重要途径之一，是幼儿各种能力"发展"的高度概括。学前体育教育存在的价值取向，在幼儿教育中，不但表现为关注身体的发展，同时对于幼儿认知的发展、思维的发展、心理健康的发展、社会情感的发展、技能的发展等都起着重要作用。

学前体育教育是生命组成部分，更多关注着幼儿各种身体活动能力的发展，是一切独立行为能力的起端，同时也是培养自我保护所需要能力的重要渠道。因此，学前体育教育也是安全教育的重要途径之一。

三、学前体育教育的目的和任务

1. 不断展开和科学培养幼儿参加体育活动的兴趣，使幼儿养成有规律运动的良好习惯。

2. 增强幼儿体质，促进幼儿身体的正常发育，养成正确的身体姿势，提高机体对环境的适应能力，促进身体得以健康发展。

3. 通过各种有效体育活动的开展，不断提高幼儿动作的协调能力、灵敏性及平衡能力的发展。

4. 通过各种形式的体育活动的开展，不断提高幼儿动作的各种认知能力，培养坚强、勇敢、不怕困难和主动、乐观、合作的良好的意志品质与个性，促进幼儿健康心理的发展。

5. 提高幼儿自我保护的意识和能力。

四、学前儿童体育锻炼的特点

1. 以身体练习为主要特征

学前儿童体育锻炼，不仅需要认知活动的参与，更重要的是需要儿童身体的直接参与，以动作的练习为主要特征。儿童参与锻炼的过程实质上就是完成各种身体练习的过程。因此，身体练习是体育锻炼最基本、最重要的手段。身体练习包括走、跑、跳、投掷、钻爬、平衡、攀登等。在活动中儿童的身体处于不断的运动状态、情绪非常活跃，这是与其他教育活动本质的区别。

2. 需要安排运动负荷

运动负荷也称运动量，是指进行身体运动时，人体所承受的生理负荷量。它反映了运动过程中身体生理机能的变化状况。适宜的运动负荷是指在体育教学中，根据教学任务、活动内容的特点、儿童的实际水平和教学条件，使练习和间歇性休息相互交替，以达到有效增强体质、促进儿童身心全面发展的目的。

与成人锻炼中的负荷相比，儿童体育锻炼的时间较短，强调节奏（急缓结合、动静交替）。因此要求教学活动必须考虑儿童的生长发育规律和身体活动的规律、身体健康素质状况、动作发展的实际水平及基本的运动素质、身体对刺激的反映等情况，来安排适宜的锻炼内容和运动负荷。

 知识拓展

如何控制幼儿的运动量

1. 安排好运动的强度与密度。在体育活动中，应该以相对密度大一些、强度小一些为适宜，运动强度大的活动，则应当运动密度相应减小；运动强度较小的活动，则运动密度可以相应增加。

2. 根据幼儿年龄差异确立合理的"量"。在幼儿园体育教学活动中，小班的活动时间一般控制在 15~20 分钟以内，中班在 20~25 分钟，大班在 30 分钟。

3. 注意观察，及时反馈。在体育活动中，一般考虑活动的强度为每分钟平均心率 130~160 次。如有不达或过之现象，教师应灵活调节活动的量。

4. 在确定体育活动的量时，还要考虑到气候、季节等客观条件的影响。一般秋冬季节气温较低，活动量可适当增大。夏季气温较高，活动量大会使幼儿产生疲劳，甚至发生中暑，因此，可以适当减少幼儿的运动量。

3. 教学组织难度大

由于体育活动在室外进行，儿童的学习活动在不断运动中进行，要与各种运动的器械接触和相互作用，受季节、气候、场地、器材以及室外各种干扰因素的影响较大；也因为儿童活泼好动、注意力易分散，教学组织的难度较大。

4. 体育活动的游戏化

游戏是对儿童进行全面发展教育的重要形式。作为儿童健康教育的重要方面，儿童体育活动以游戏为基本活动形式，体育游戏也是主要的教学内容。

5. 活动内容简单、灵活性强

学前儿童时期的体育活动内容简单，要么是促进身体均衡发展的简单体操，要么是发展身体某一基本动作的体育游戏。这些活动都是简单、容易做到的，是儿童未来学习和发展的基础，而不教专项的运动基本技术，各个年龄段活动的内容也有很大的差别，活动形式灵活多样，所以儿童的体育活动具有动作要求低、灵活性强的特点。

6. 强调直观性和兴趣性

体育活动本身对儿童就有很强的吸引力，而且儿童体育活动中还讲究富有变化和童趣的模仿、配乐练习、儿童的表演和创新动作等。生动形象、具体直观、注重活动过程的趣味性是儿童体育活动的又一特点。

在体育游戏中促进幼儿的健康发展

 相关链接

美国：家庭重视幼儿体育教育

1. 体育活动多元化

美国家长对孩子的教育，包括多种多样的体育运动。他们不是把幼儿的体育运动当作单纯的身体运动，而是把它看成教育的一部分。体育运动的种类很多，有些运动培养孩子的耐力，比如游泳；有些注重培养孩子的勇敢和主动，比如冰球；有些是要培养孩子的竞争和谦让，比如跆拳道；有些是要培养孩子的团体精神，比如足球和篮球。

2.健康第一、家长陪练

美国家长重视孩子的健康，认为孩子良好的身体素质是决定一切的基础。他们在孩子体育运动上的开支很大，并支持孩子从事各种各样自己喜欢的运动。一般来讲，美国小孩子都会喜欢几种不同的运动。很多家长会安排好自己的时间，下班后家长都成了孩子的"陪练"。孩子学习体育，也学到了体育精神，不仅体格强健，而且意志也变得坚强，无形中增强了孩子的心理素质。

 案例评析

东东5岁了，看着哥哥在广场上一圈一圈地"滚铁环"，感觉非常有意思，自己也想玩。得知动作要领后，东东在哥哥的帮助下进行了初步尝试，可是，要么是铁环和杆容易分离，要么是持续的时间很短，始终没有成功，但是，东东并没有泄气，在哥哥的鼓励下一遍一遍地练习着。两天过后，东东终于可以像哥哥一样完成得很好，而且坚持每天晚饭后练习半小时，还当上了小老师，教广场上的其他小朋友玩。

东东因为感觉滚铁环"非常有意思"，萌发了对它的兴趣，在玩的过程中，他根据铁环与杆的相互作用同、铁环的速度和方向等不断做出控制与调整，手脚逐步协调、反应逐渐变快。在这一过程中东东很好地训练了注意力、思维判断力和反应力等，在一遍遍地练习后增强了自信力，提高了意志力，还培养了与同伴的社会交往能力。

第二节　学前儿童体育活动的目标

 情境创设

随着幼儿园课改进程的不断深入，幼儿教师在设计与组织体育活动时，也对整合教育工作进行着积极的尝试。但由于个别教师未能很好地领会整合教育的真正内涵，加之缺乏具体有效的整合技能，因此，为整合而整合的现象随处可见，一堂"拼盘"式的教学活动常常会成为教师们"整合"各学科领域的"得意之作"。

某小班在体育活动——小猫钓鱼中，教师在活动场地上设了三条不同颜色的筐，要求幼儿正面屈膝钻爬或侧身钻爬过障碍，同时过障碍后拿到小鱼，要注意观察自己手里拿到的鱼的颜色与筐上小猫头发的颜色一致，即进行按颜色分类。幼儿反复练习后，教师引导幼儿对分类结果进行统计并做适当的小结。统计小结后，该活动转入下一个环节——体育游戏"老猫睡觉醒不了"。

从案例中可以看出，教师能够针对幼儿不同的钻爬水平设置不同的活动目标，让每个幼儿都能在原有水平的基础上挑战自己，使自己的能力得到不同程度的提高。在幼儿练习钻爬后，教师能对练习情况作适当的小结，及时反馈。这种及时的反馈，有助于启发幼儿进一步去思考这样的问题——怎样钻爬速度更快，从而增强他们掌握正确钻爬方法的目的性与主动性。

学前儿童体育目标就是幼儿园体育工作所要达到的预期目的，它揭示了体育活动影响幼儿发展的预知变化，是幼儿发展的努力方向，也是幼儿园实施体育活动应当完成的任务。

学前儿童体育活动的目标

一、学前体育活动的总目标

根据《幼儿园工作规程》和《纲要》中健康领域目标的精神，幼儿体育活动的总目标：喜欢参加体育运动，动作协调、灵活；身体健康、情绪愉快；勇敢、乐群，逐渐具有自我保护意识和能力。具体目标从运动参与、运动技能、身体健康、心理健康和社会适应五个方面来具体描述和体现体育总目标。

（一）运动参与目标

运动参与是提高幼儿健康水平、发展体能、获得运动技能和形成健全的心理品质的重要途径。要以游戏化的形式开展体育活动，着重让幼儿体验参加体育活动的乐趣，初步建立乐于参加体育运动的态度和行为。

（二）运动技能目标

初步了解最基本的运动知识，学习和简单应用最基本的运动技能，安全地参与体育活动。运动技能学习是幼儿体育的重要部分，也是实现其他技能的重要手段之一，大多数幼儿应该初步学会最基本的几项运动技能，并能在教师的帮助下学会迁移。学习中应以游戏的形式开展，不应过多追求运动技能知识的系统和完整，也不苛求技能动作的细节。

（三）身体健康目标

初步保持正确的身体姿势，发展体能，简单了解身体常识。幼儿教育是以促进幼儿身体健康成长为主要任务。体育活动是促进幼儿身体发展和健康的重要手段，因此，要引导幼儿通过体育活动来发展体能，同时注重提高幼儿的身体健康水平。

（四）心理健康目标

初步体验体育活动中的心理感受，初步形成克服困难的坚强意志品质。幼儿体育活动不仅仅要促进幼儿的身体健康，也需要促进幼儿的心理健康。在体育活动中不能忽视对幼儿心理的关注，应当促进幼儿心理健康和促进幼儿身体健康放到同等的地位。教师应注意保护幼儿稚嫩的心理，在体育活动中善于引导，注意创设一些专门的情景，促进幼儿心理健康水平的提高。

（五）社会适应目标

初步体验合作与配合，乐于参加社会中的体育活动。体育活动对于发展幼儿的社会能力具有独特的作用。幼儿通过参加体育活动，学习合作、体验竞争、尝试同伴间的协调，同时将体育活动中所获得的经验、知识应用到日常的学习生活中去。因此，在体育活动中应注重培养幼儿的社会适应能力。

二、学前儿童体育的年龄阶段目标

（一）小班目标

1. 愿意并愉快地参与体育活动，感受运动带来的愉快。

2. 知道最基本的动作的术语，如立正、前平举、看齐、走、蹲下、跳、摆臂等；知道一些简单的口令术语，如预备、起跑等。

3. 初步掌握最基本的运动动作。能上体正直、自然协调地走和跑；能听信号向指定方向走或跑；在一定范围内四散跑、追逐跑；能注意倾听和理解老师的指令，并做出反应；能较轻松自然地双脚向前行进跳、纵跳；能从25~30厘米高处自然跳下，轻轻落地；喜欢玩球，会滚球、拍球和自抛自接球；能自然地把沙包等投掷物投远；能手膝着地协调地向前爬；喜欢与同伴一起大胆地玩大型运动器械，练习钻、攀登等动作;克服恐怖感，锻炼胆量;能在平行线、窄道中、小斜坡上下走，身体较平衡，提高身体控制能力。

4. 乐于跟随教师进行准备活动。在成人提醒下，有一定的运动保健意识，如擦汗、擦鼻涕等。

5. 在教师的引导下保持正确的身体姿势。在教师的提示下站直、坐正。在相关的体育游戏中，步伐较平稳、能摆臂。

6. 提高反应、协调能力。完成一些反应类游戏等，如信号反应类游戏等；完成一些移动动作，如走、慢跑、轻跳等；会用球、圈、拖拉玩具、飞镖等多种小型体育器械进行身体锻炼；能听懂基本的口令和信号，并做出相应的动作；能一个跟着一个走；能边听音乐边念儿歌，较合拍地做模仿操。

7. 初步了解身体各主要部位的名称。能说出身体躯干上主要部位的名称，如头部、腹部、小腿等；能说出身体几个主要关节的名称，如膝盖、颈等。

8. 初步体验体育游戏的乐趣，参加集体活动时情绪保持稳定、不哭。

9. 初步体验与同伴一起运动的乐趣，乐于同父母玩体育游戏；喜欢和同伴一起玩体育游戏；对于合作类游戏表现出深厚的兴趣，能与老师、同样一道摆放、收拾体育器械与活动材料；在有趣的活动中，体验与同伴一起做操的愉悦；每天和父母玩一些与体育相关的游戏；经常向父母学习一些新的体育游戏。

10. 初步掌握体育的规则及要求，不做危险动作，不影响他人活动。

（二）中班目标

1. 喜爱并积极参加体育活动，体验运动带来的快乐，对体育活动表现出学习兴趣。

2. 初步了解最基本运动动作和技术动作的基本做法。学会多个最基本运动动作相关游戏的具体玩法，如爬类游戏、跳类游戏等；初步了解多个简单技术动作的基本做法，如单脚跳、掷沙包等。

3. 初步掌握最简单的技术动作。学会几个与基本动作相关的游戏，如拍球类、跳类游戏等。会用球、圈、棒、小车以及报纸等废旧材料开展多种形式的身体锻炼活动。能按节奏上下肢协调地走和跑；能听信号变速走或跑；20米快跑、接力跑，有积极的争先意识和竞争意识；练习立定跳远，能屈膝、前脚掌蹬地跳起，轻轻落地，学会保持平衡；能双脚在直线两侧行进跳，原地蹬地起跳触物；能从30~35厘米处向下跳，落地轻；双手交替拍球，能左右手轮流拍球；会双人抛接球；能协调用力地投远，近距离投准，发展手脚协调能力；能手脚着地向前爬行，手脚灵活协调地攀登，有一定的坚持性；能大胆地在平衡木上协调地走；能闭眼向前走5~10步；原地自转3圈左右，保持身体平衡。

4. 初步学习体育活动中的自我保护。知道"找空地"的具体含义。有一定的运动保健意识及能力，能自己擦汗、穿衣服、调节运动量、运动后喝水等。在成人的提醒下增减衣物。

5. 初步了解正确的身体姿势。知道一些队形练习动作的做法，如立正、稍息、平举等。初步了解错误身体姿势对身体的影响及保持正确姿势的重要性。

6. 发展反应、灵敏和平衡能力。完成一些有一定速度的位移，如横向移动、躲闪、急停等；完成一些有难度的平衡游戏，如平衡木、单腿平衡、爬拱桥等；完成多种形式的跳跃练习，如单腿跳、侧向跳、跳房子等；能较熟练地听多种口令和信号做出相应的动作，能听信号较快地集合、分散；由一路纵队、一个大圆切段分队走成四路纵队、四个小圆等；能随音乐节奏做徒手操和轻器械操，动作基本到位。

7. 能辨别对应身体的方向，如前、上等。

8. 初步体验体育活动中各种负面感受。初步感受到体育活动失败的挫折感及体育活动中挑战难度的紧张情绪。

9. 能在教师鼓励下坚持完成体育活动内容，养成自信、勇敢的品质。

10. 初步体验体育道德。通过教师的引导，在体育活动中关心和帮助能力弱的同伴；不妨碍他人参加游戏或活动；在教师的提示下按顺序轮流使用同一运动场地或设备；能与同伴摆放、及时收拾和整理体育器械与活动材料。

11. 乐于在社区和同伴、家长一起进行体育活动；经常和社区里的同伴玩一些体育游戏；外出时，乐于同陌生同伴玩体育游戏。

12. 能遵守体育活动的规则与要求，有一定的集体意识；能解决一些简单的问题，与同伴合作游戏。

（三）大班目标

1. 热爱并主动参加体育活动，初步形成良好的运动习惯；乐于学习和展示最基本的运动动作。

2. 能说出多种体育比赛的名称。说出几个单项的体育比赛名称，如足球比赛、跳远比赛等；知道几个大型综合性赛事的相关知识，如世界杯、奥运会等。

3. 熟练基本的技术动作，会做最简单的组合动作。较准确地完成几套简单的体操，如幼儿园基本体操等；可以完成一些包含简单组合动作的游戏，如身体姿势游戏等；会用球、圈、棒、垫子、绳、轮胎或其他废旧材料，开展不同操作形式的身体锻炼活动等；能步伐均匀、有节奏地走或跑；能轻松自如地绕障碍曲线走或跑；较灵活地追逐躲闪跑；能走跑交替 300 米左右，步行 2 千米，有一定的耐力，坚持完成运动任务；能从较高处向下跳，助跑跨跳，会前脚掌落地缓冲，动作轻松、平稳；会跳短绳并尝试合作跳长绳；能较协调地单手运球，能肩上挥臂投物 4 米远；会投篮，投准较远目标；喜爱踢足球、打羽毛球等球类运动；能熟练协调地侧身、缩身钻；能手脚交替、熟练地攀登、攀行；能在垫上匍匐爬、侧滚翻等；能在平衡木上变换手臂动作走，在有间隔物体上走；能两臂侧平举，单脚站立 5~10 秒；闭眼原地转 5 圈以上，动作自然协调。

4. 初步具备在运动中避免危险的能力。懂得避让，运动中遇到人时注意减慢速度；能初步自我评估，不做超出自己能力的动作；知道摔倒时不能拉别人、不用手腕支撑；遇到障碍物时迅速绕行。

5. 初步保持正确的身体姿势。立正时注意不弯腰、走路时注意眼睛平视、跑步时注意前后摆臂等。

6. 发展速度、柔韧、灵敏和平衡能力。较协调地进行快速跑相关的运动，如 20 米跑接力赛等；完成发展柔韧性的各种活动，如身体模仿游戏；完成各种形式的位移练习，如侧跑、反跑、侧跳等；完成多种速度和灵敏性的练习，如球类运动、老鹰捉小鸡等；完成有一定难度的平衡类游戏；能熟练地听多种口令和信号做出相应的动作；能听信号迅速地集合、分散、左右分队走，练习基本的队列队形；能随音乐节奏有精神地做徒手操或轻器械操，动作有力、到位。

7. 知道身体的最基本特征。了解自己在班级中的身高和体重排列；认清身体部位的方向，如左手、右膝盖等。

8. 体验体育活动竞争的心理感受。感受体育竞争中的紧张情绪；感受通过竞争获得的成功感和竞争失败后的挫折感。

9. 能在一定的困难条件下进行体育活动。遇到困难时主动克服，有一定的坚持性；挑战难度时努力战胜负面情绪的影响，坚持到底。养成勇敢、不怕困难的良好品质。

10. 体育活动中初步表现出合作的行为。在竞争性游戏中与同伴积极合作，互相鼓励和加油；失败时不互相责备；在自主合作学习中，相互协商；能独立或合作摆放、收拾和整理体育器械与材料。

11. 愿意参加园外专项的体育活动。了解一些专业体育的名称及内容；在父母的引导下，参加1~2项自己感兴趣的专项体育训练。

12. 能自觉遵守体育活动的规则与要求，有较强的集体观念；会独立解决一些问题，与同伴合作游戏；有较强的运动保健意识，能较合理地调节运动量及不同的运动内容。

体育活动目标的表述应遵循的三个基本原则

1. 情景化原则：体育活动学习目标是在体育活动教学情境中实现的。如果这个目标不是在体育活动教学情境中获得的，那它就不是体育活动学习目标，或者既可在体育教学情景也可在其他情景中获得，那它就一定是体育活动学习目标。

2. 过程性原则：体育活动学习目标中一定包含着幼儿的努力过程。目标是要经过努力才能达成的。不需要任务努力就可以出现的行为不能是学习的目标，它有可能是一种自然的行为。

3. 选择性原则：体育活动学习目标应是幼儿可选择的努力方向的一种，不具有可选择的必然不成为目标。

三、制定学前儿童体育活动目标的依据和要求

幼儿园体育活动的目标是幼儿园实施体育教学活动的出发点，直接影响着幼儿园教师体育教育活动的设计，并对儿童体育教学活动的过程和评价带来影响，也关系到儿童身心健康发展。因此，只有制定出适宜儿童体育活动目标，充分考虑体育活动的内容和形式，才能真正地实现幼儿体育对儿童身心和谐发展的良好促进作用。

（一）制定学前儿童体育活动目标的依据

《幼儿园工作规程》确定的保教目标、《纲要》中的健康教育的总目标、《指南》中关于幼儿发展的目标，是制定学前儿童体育活动的重要依据。此外，各年龄班幼儿身心发育的特点以及体育活动内容的性质，是制定学前儿童体育活动的基础。

（二）制定学前儿童体育活动目标的要求

首先，制定学前儿童体育活动目标时，要紧紧围绕学前儿童的年龄阶段目标。因为每个具

体的体育活动目标的实现都是实现儿童年龄阶段特点完整环节中的一环。其次，在制定学前儿童体育活动目标时，要综合多个维度，即从儿童的情绪情感、身体及动作发展、心理健康以及适应性方面全方位考虑，体现出儿童体育活动的综合性。最后，在表述学前儿童活动目标时要合理、准确。

大班《合作跑》的单元活动目标表述实例

学习目标

一、1. 初步掌握2人合作跑的游戏方法；了解多人连环的方法。

2. 80%的幼儿可以在转弯时配合熟练。

3. 接力赛中为同伴和对手加油，并注意遵守比赛规则。

二、1. 熟练掌握2人和3人持环跑的方法；初步掌握捕鱼游戏的规则及技巧。

2. 90%的幼儿能与同伴熟练配合持环跑；80%以上的幼儿在捕鱼游戏中动作协调、配合熟练。

3. 善于思考，能很好地与同伴配合；能积极遵守游戏规则。

三、1. 初步掌握第二种捕鱼游戏的规则和技巧。

2. 大多数幼儿在游戏中可以和同伴步伐一致，合作跑中动作协调。

3. 在教师的指导下积极遵守捕鱼游戏的规则；不怕输，能主动鼓励同伴。

《赶小猪》教学活动目标（小班）

活动目标

1. 练习单手赶球弯腰向前走，提高手控球能力，发展协调性。

2. 通过练习及情境游戏，体验手拨球的速度，掌握手拨球的方法。

3. 愉快地参与活动，感受玩球的乐趣。

活动重难点

重点——练习单手赶球弯腰向前走。

难点——控制球向前滚动的速度。

第三节　学前儿童体育活动的内容和方法

小班幼儿早晨入园后，看到户外场地上摆上了很多玩具，有大纸箱做好的"汽车"；有一些美丽的水果宝宝、花宝宝挂在绳子上；还有很多动物小车摆在墙边；有一些鲜艳的彩虹桥、布山洞都让幼儿感到新奇。游戏开始了，老师带着孩子玩各种游戏，每个孩子都快乐的像只小蝴蝶，穿梭在活动场地。

利用色彩鲜艳、丰富有趣的游戏材料，可吸引幼儿参加体育游戏，感受体育锻炼带来的愉快。小班幼儿刚入园，对幼儿园的一切都是陌生的，对老师组织的集体活动不感兴趣。教师应为幼儿创设一个安全、丰富、轻松、自主的体育活动环境。活动中应提供色彩鲜艳、功能多样、符合幼儿需要的体育运动器械，幼儿在活动中可自由选择器械，教师与幼儿共同游戏，从而让幼儿体验到参加体育活动的乐趣。

一、学前儿童体育活动的内容

学前儿童体育活动的基本内容主要包括基本动作、幼儿体操、运动器械、运动游戏四个方面。它们适合学前儿童动作练习的特点，是实现学前儿童体育目标的基本手段。学前儿童体育活动内容还有大、中、小型体育器械练习，专门性的身体素质练习等。国内外一些地区还将律动、舞蹈和表现性、创造性的身体活动纳入学前儿童体育活动的内容体系。

基本动作可称为一般身体动作，是指人们在日常生活中所必需的、最基本的身体活动的基本模式。一般包含走、跑、跳、投、钻、爬、攀登等动作，也称基本运动动作。幼儿期的基本动作练习和发展既是完成幼儿体育活动任务的重要手段，也是幼儿体育活动的重要内容。

幼儿体操包括幼儿基本体操和队列队形两个部分。幼儿基本体操是指幼儿通过身体各部位动作的协调配合，按照一定的程序，有目的、有节奏地进行举、摆、绕、振、踢、屈伸、绕环、跳跃等一系列单一或组合动作的身体练习。幼儿基本体操可分为模仿操、徒手操、轻器械操等。队列队形是指幼儿按照指令排成一定的队形，协调统一动作。

运动器械是指导专门来进行身体锻炼的大、中、小型体育器械。其中有球、圈、攀登架等专门性体育器械，也有沙包、木桩、纸棒等各种自制材料的体育运动器械，还包括利用游泳池、假山、树木、小山坡等幼儿园室内外环境中一切可利用进行体育活动的物质材料。

运动游戏是可以发展幼儿身体素质和体育活动能力的娱乐性活动。一般具有一定的故事情节、游戏角色、规则，具有娱乐性和竞赛性等特点，是幼儿十分喜爱的一种活动形式。

在选择和确定各年龄班幼儿体育活动的内容时，由于各年龄班幼儿身心发展特点和培养目标不同，因而体育活动内容的侧重点和具体的教育活动都会较大的差距。具体内容可参照下面的各年龄班幼儿体育活动的内容加以选择。

（一）基本动作

1. 走

小班：向指定方向走、拖（持）物走、在指定范围内四散走、一个跟一个走、沿圆圈走、模仿动物走、短途远足。

中班：听信号有节奏的走、变速走、变方向走，高举手臂足尖走、蹲着走、跨过低障碍物走、用脚掌走、倒退走、上下坡走。

大班：听信号变速走、变方向走、绕过障碍曲线走、一对一整齐走、较长距离远足。

2. 跑

小班：向指定方向跑、持物跑、沿规定路线跑、在指定范围内四散跑、在指定范围内追逐跑、走跑交替或慢跑 100 米、一个跟一个跑。

中班：有节奏地跑、绕过障碍物跑、在一定范围内四散追逐跑、20 米快跑、接力跑、走跑交替或 200 米慢跑、远足。

大班：听信号变速跑、四散追逐跑、躲闪跑、快跑 25~30 米、走跑交替或慢跑 300 米、绕过障碍跑、接力跑、大步跑。

3. 跳跃

小班：双脚向前跳、双脚向上跳（头触物）、从高 25cm 处往下跳。

中班：原地纵跳触物、立定跳远、直线两侧行进跳、单双脚轮换跳、单足连续向前跳、助跑跨跳、由高处往下跳（高约 30cm）。

大班：纵跳触物、跳远、助跑跨跳、行进向前侧跳、转身跳、改变方向（前、后、左、右）跳、由高处往下跳、助跑跳高、跳绳、跳皮筋、跳蹦床。

4. 平衡

小班：走平行线（窄道）在中间走、在平衡木上走、在斜坡上走。

中班：走平衡木（斜坡）、原地自转、闭目行走。

大班：闭目起踵自转、单足站立、走走平衡木、变换动作走平衡木（斜坡）。

5. 投掷

小班：单手自然向前投物、双手向上、前、后方抛球、双手滚、接、拍球。

中班：肩上挥臂投远、滚球击物、抛接球、左右手拍球。

大班：半侧面肩上挥臂投远、投准（篮）练习、抛接球、用球击靶（或活动靶）、套物、运球、踢球。

6. 钻爬

小班：正面钻过较低的障碍、手膝着地爬、倒退爬、钻爬过低矮障碍物。

中班：侧面钻过较低的障碍、手脚着地爬、钻爬过较长的障碍（洞）。

大班：侧钻低障碍、灵活横爬（侧爬）、爬越。

7. 攀登

小班：上下台阶、玩滑梯、攀登肋木等。

中班：攀登各类攀登设备。

大班：手脚交替灵活攀登各种设备。

（二）幼儿体操

小班：模仿操、徒手操。

中班：徒手体操、轻器械操。

大班：徒手操、轻器械操。

幼儿球操

（三）器械类活动或游戏

小班：滑梯、攀登架、转椅、小三轮自行车、独轮车、球、绳、棒、圈等各类小型器械。

中班：跷跷板、秋千、小三轮车、带辅轮的小自行车、球、绳、棒、圈及其利用废旧材料制作的小型器材。

大班：低单杠、秋千、脚蹬车、轮胎、高跷、跳绳、皮筋、球、积木等。

（四）球类活动

小班：双手拍球、双手滚球、原地拍球。

中班：滚接球、抛接球、原地变化拍球、直线运球。

大班：单手滚接球、各种抛接球、投准、曲线运球。

二、儿童各年龄班体育活动内容的重点和难点

（一）小班

1. 在基本动作和游戏的练习中，走和跑的内容是活动的重点，尤其是练习走和跑的方向、步幅、节奏（小班要求不宜过高）及排队走步的能力和上下肢在走和跑的过程中的协调能力更是练习的重点。而平衡、跃跳、投掷不仅是小班幼儿基本动作练习的重点，更是练习的难点。

2. 在身体素质练习中，小班没有安排专门的练习内容，主要是考虑到小班幼儿的身体发展特点还不适宜进行专项练习。但在具体进行身体基本动作和基本体操练习时，应重视对幼儿身体素质的锻炼，且把练习内容的重点主要放在培养和发展小班幼儿的平衡性、协调性、柔韧性和灵敏性等调整素质上。

3. 在基本体操练习中，小班幼儿活动内容的重点是模仿操，其目的是培养他们做操的兴趣

和习惯及初步的做操能力。

（二）中班

1. 在身体基本活动技能的练习中，其练习内容的重点是平衡、跳跃和投掷。在跳跃练习中，练习难点是"落地"动作和"助跑跨跳"的动作；在投掷练习中，练习的重点是"肩上挥臂"的投掷动作。

2. 在身体素质练习中，除平衡、协调、柔韧和灵敏外，力量、耐力和速度素质成为练习的重点，并注重运用诸多综合练习和专门身体素质练习（以游戏形式）来发展这些素质。

3. 在基本体操练习中，徒手操成为练习的重点，而轻器械操则成为练习的难点。其目的是全面锻炼幼儿的身体，发展幼儿的身体素质和提高幼儿做操的兴趣及能力。另外，在队列、队形练习中，齐步走、跑步走（重点是培养节奏、步幅和速度的调节能力及提高排队走步的能力）和听信号切断分队走等内容成为练习的重点。

（三）大班

1. 在身体基本活动技能练习中，提高动作的技能、技巧和全面增强幼儿的速度、力量、耐力、平衡、协调、柔韧、灵敏等身体素质，发展幼儿的体能成为练习的重点。运用诸多综合练习和专门的身体素质练习来锻炼幼儿的身体，其目的同样是更好地发展幼儿的综合体能。跳跃中的"助跑跳高"和投掷中的"投准练习"成为动作练习的难点。

大班听信号跑

2. 在基本体操练习中，难度较大的徒手操和轻器械操成为练习的重点，其目的旨在进一步激发幼儿做操的兴趣和提高幼儿做操的能力，全面锻炼他们的身体。另外，在队列、队形练习中，重点练习的内容是向右（左）转、左（右）转弯走和听信号左右分队走。

三、学前儿童体育活动常用的基本方法

（一）示范法

示范法是教师（或幼儿）以正确的动作为范例，使幼儿了解动作的形象、结构、要领等的一种方法。

由于幼儿以具体形象思维为主，认识和理解事物则更多地依赖于生动鲜明的形象，所以示范在幼儿体育教学中具有重要的地位。

根据不同的分类标准，示范可分为完整示范和分解示范；个人示范和集体示范；正面示范、侧面示范、镜面示范和背面示范；动作示范和活动方式示范等。教师应根据教学需要，采用适当的示范方式。

在运用示范时应注意以下几点。

1. 要有明确的目的性

教师每次示范，都应明确所要解决的问题，应根据教学任务和幼儿具体情况来考虑示范什么，怎么示范；让幼儿观察什么，怎么观察。如教新内容时，为了使幼儿建立完整的动作概念，需要用正常的速度做一次完整的示范；为了让幼儿看清动作的关键要领或某一环节，则可以慢速的、静止的或局部的示范。有时可边示范边讲解，如示范从高处往下跳，是让幼儿看起跳，还是看落地；是看脚和腿，还是看上体和手臂；这些都必须向幼儿讲清楚；如果盲目示范，或示范次数过多，不仅缺乏教育意义，反而会分散幼儿的注意力。

2. 示范要正确、并力求轻松、优美、熟练

高质量的示范不仅能使幼儿建立正确的动作形象，而且还可以得到幼儿的赞扬和佩服，激发幼儿学习的积极性。尤其是第一次示范常给幼儿留下深刻、鲜明的印象。因此，教师要努力做好示范。教师一般不宜模仿幼儿的错误动作，因为幼儿好奇、爱模仿，看了错误示范常会跟着学。有时可让做得好的幼儿出来示范，帮助幼儿树立起学习的信心。

3. 注意示范的位置和方向

示范的位置必须有利于幼儿的观察。教师除应根据不同的队形，选择示范的位置外，还应注意不要让幼儿面向阳光、风向和容易分散幼儿注意力的事物站立。示范的方向（示范面）要根据动作的特点和幼儿观察的部位而定。例如，为了显示动作的左右距离，则采用正面示范；为了表示动作的前后部位，则采用侧面示范；方向路线变化比较复杂的动作，可采用背面示范，但因为背向幼儿做示范不易了解幼儿练习的情况和及时的指导，所以一般不常用。在学习小武术、韵律操、舞蹈等方向路线较复杂的动作时，可让做得比较好的幼儿站在前边做背面示范，教师在旁边指导。镜面示范即示范者面向幼儿，动作方向与幼儿一致，左右相反，像镜子一样反映幼儿的动作，领操时经常采用镜面示范。

4. 示范与讲解相结合

为了运用多种感官感知教材，以扩大直观教学的效果，在体育教学中，示范与讲解是经常互相结合运用的。在具体结合时是先示范后讲解，还是先讲解后示范，或是边示范、边讲解，这就需要教师事先考虑，在教学过程中根据具体情况灵活运用。

正确运用示范法教学

一是应根据活动内容的难易程度以及幼儿的实际水平，合理选用。如果体育活动的内容是幼儿所熟悉的或动作本身的难度不大，一般不用或少用示范的方法，而多采用让幼儿自由探索的方法。然后教师再组织幼儿进行个别展示，使经验得以共享。但是如果

活动的内容是幼儿首次接触的，且动作难度较大，则可以直接采用示范教学法。而且要求教师在示范时，动作要标准、优美，以激发幼儿参与练习的愿望，帮助幼儿建立准确的动作表象并感受体态美；同时，老师还要边示范边做语言讲解，使幼儿在获得视觉信息的同时也获得听觉信息，这样有利于幼儿形成正确的动作概念。

　　二是在必要时教师也可以在初次练习之后，请个别做得比较好的幼儿再来示范动作，通过同伴间的互相学习提高幼儿练习的兴趣和效率。

（二）讲解法

　　讲解法是教师用语言向幼儿传授体育知识、技能、组织教学和进行思想教育的一种方法。在运用时应注意以下几点：

1. 讲解的内容不仅要正确，而且要符合幼儿的接受能力

　　讲解的内容必须正确可靠，这是保证讲解质量的首要条件；其次，需要教师能够把抽象的东西讲得浅显易懂，语言要生动形象，可借助表情和姿势说话，要有感染力和鼓励性，语音的高低强弱，语流的速度、间隔应和幼儿的心理节奏相适应。

2. 讲解要简明扼要，重点突出

　　由于幼儿有意注意集中的时间较短，所以，在教学中要用最简洁的语言达到最大的讲解效果，而不能讲得过多、过细、占用时间太长。这就需要教师把握住教材的难点、重点，了解幼儿的水平，根据教学任务，确定讲什么，并把它概括成精练的语言使字字句句讲在点子上。例如，讲立定跳远的动作要领时，预备姿势和腾空动作方法，可以通过示范传授给儿童，重点讲起跳和落地动作方法、要领。起跳只要用"腿蹬直、臂摆起"六个字，落地也只讲"屈腿"两个字就行。在教学中，适当使用口诀、儿歌可顺口溜，有助于做到语言的精练。

3. 讲解要富有启发性

　　启发的目的就是调动幼儿学习的积极性和主动性。要做到这点，教师必须熟悉教材和了解幼儿。在练习前，可以有意识地设下"悬念"，让幼儿带着问题去学习；也可以采用提问或讨论的方式来启发幼儿动脑筋、想问题，提高学习兴趣。但如果教师的提问是"是非式"的，或是由教师设框框，幼儿套框框，这就毫无启发的作用。

4. 讲解要注意时机和效果

　　当幼儿正在做练习，特别是在情绪高涨地进行游戏，或是注意力分散、东张西望、叽喳说话时，教师背向幼儿以及调动队伍时，除了适当地做简短的提示外，一般不作讲解。在教学过程中什么时候讲解最为有利，最能收到效果，教师必须做到恰到好处。当幼儿注意力集中、情

绪稳定，或是有疑惑时讲解，才能收到较好的效果。

（三）练习法

练习法根据教学任务，有目的地反复做某动作的方法。它是掌握技能、发展基本活动能力和锻炼身体、增强体质的基本方法。幼儿园常用的练习法主要有以下四种。

1. 重复练习法

重复练习法是指在不改变动作结构和练习条件下，反复做一个练习的方法。如反复做某一节操或某一个游戏。它是幼儿园普遍使用的比较简便的方法。使用此练习法，应根据教材的特点和幼儿体力以及心理特点确定重复次数，注意突出教学重点。

2. 变化练习法

变化练习法是指变化动作结构和练习条件的方法。如改变动作的要素、动作的形式或组合，变化练习的环境、器材的高度和器材的重量等。这种方法的优点是能较好地激发练习兴趣，巩固与发展动作和提高运动能力。在运用时应注意：所变换的条件、环境、器材等，必须符合幼儿的实际情况和项目特点，必须有利于教学任务的完成，而不应无限地、盲目地改变环境，增加条件和加大难度，所变化的条件，应是大多数幼儿通过努力能够完成的。

3. 条件练习法

这是变换练习法的一种，它是设置一定的具体条件，要求幼儿按规定的条件做动作。如向上跳摸物，有一定高度的物就是"条件"。这种练习法有三个优点。第一，使幼儿感兴趣。原地双脚向上跳动作比较单调乏味，但挂上花皮球、小铃铛、色彩鲜艳的画片，幼儿就会兴致勃勃地跳起触摸。第二，把抽象的要求具体化。如投沙包要有一定的出手角度。这个抽象的要求幼儿是不能理解的，如果在投掷线前挂起一根有一定高度的绳子，要求幼儿投沙包时，要使沙包从绳子上边飞过。这就是把抽象要求具体化了，幼儿容易理解也易做到。第三，便于掌握正确动作和提高运动能力。如为了让幼儿掌握立定跳远起时的摆臂动作，可以让幼儿跳起能摸身前的物体。设置的条件要符合幼儿的能力和动作规格要求，并能引起幼儿的兴趣。

4. 完整练习法和分解练习法

完整练习法是把教材完整地进行练习的方法；分解练习法是把完整的教材分解成几个部分，按部分逐次地进行练习，最后再组合成完整的动作进行练习的方法。完整练习法的优点是能使幼儿完整地掌握教材，它一般用于掌握较容易的动作或游戏和复习教材，它的缺点是不易于掌握教材中较困难的部分或较复杂的教材。如学习投沙包和"人、枪、虎"等较复杂的教材时，用完整练习法就费时间，效果还不理想。分解法的优点是把复杂的教材简单化，使幼儿较容易掌握，能较好地保证掌握教材的质量。一般用于较难的教材和改进较薄弱的环节，或强化重点环节。在幼儿体育教学中分解法不常用。在使用这种方法时要十分注意，分解动作时不要破坏教材的完整性。要注意把分解练习法和完整练习法结合运用。

（四）游戏法与比赛法

游戏法是通过游戏的方式，在规则许可的范围内，充分发挥个人的主动性和创造性，以达到教学目的的一种方法。在幼儿园体育教学中，游戏法是最常用、最有效的一种主要方法。它突出的优点是能引起幼儿深厚的兴趣，产生强烈的练习欲望，提高教学的效果。

比赛法是在规定的比赛条件下，充分发挥已掌握的各种动作，互相竞赛以决胜负的一种方法。它和游戏法有着密切联系，主要区别在于比赛法具有更严格的规则和"竞争"因素。参赛者情绪高涨，对体能要求较高。所以，比赛法一般在中、大班采用。

运用这两种方法时应注意目的明确，要求具体，教育及时，发展智力和培养能力，控制运动负荷，严格规则，讲评公正。

（五）口头指示和具体帮助法

口头指示是指在幼儿练习时，教师用简明明确的语言提示和指导幼儿活动的方法。如幼儿排队走步时，教师提醒幼儿："挺胸、抬头"、"迈大步"。练习跳远时，教师提示："摆臂"、"腿蹬直"等。它的优点是明确、具体、及时和针对性强。它不仅用于指导做动作和组织教学，而且还用于品德和安全教育。用语言指示时，必须简单明确、要求具体，所用语言应是幼儿懂得的和熟悉的，声音在有感情和鼓动性。声音不要太大和太突然，以免惊吓幼儿，影响教学。在提示幼儿遵守纪律和纠正不正确行为时，不准用训斥、埋怨和恐吓的语言和口吻。

具体帮助法是指教师直接地、具体地帮助幼儿掌握动作的方法。它多是用于幼儿掌握动作的方法，它多是用于个别指导时。如幼儿初练"踏石过河"时，教师就可一只手帮助他"踏石"，以便保持平衡和掌握动作节奏，同时还可给予语言信号"嗒、嗒、嗒"。用具体帮助法时，首先顺其用力方向给予助力；其次要注意教师站在位置和给予助力的身体部位，最后助力大小要适当。

幼儿体操基本动作

头颈动作

屈：颈椎关节的弯屈动作；转：以颈椎为轴的转动。

上肢动作

举：以肩为轴向上提举，将臂举至指定的位置；振：以肩为轴，臂做弹性动作；屈、伸：屈是指肘关节弯曲动作，伸是指由曲肘部位伸直关节的动作。绕：指臂的活动范围在

180° 内的弧形动作；绕环：指臂的活动范围等于或大于360°的圆形动作；摆：以肩为轴向不同方向放松摆动。

躯干动作

屈：以髋为轴的弯曲动作；转：以脊柱为轴的躯干转动。

下肢动作

蹲：两腿弯曲的动作；踢：一腿支撑，另一腿以髋或膝为轴，做快速摆动的动作；弹性屈伸：两腿利用肌肉弹性连续屈伸；各种站法。

吹泡泡

游戏目的：发展幼儿跟队走的能力以及掌握多种走路方法。

游戏的准备：在场地上画一个大圆圈。

游戏玩法：教师组织幼儿在大圆圈上分散站好，并教给幼儿一首儿歌："吹泡泡，吹泡泡，吹成一个大泡泡，吹成一个小泡泡。"当幼儿学会儿歌后，教师讲解游戏规则。重复几遍儿歌后，当老师说"吹成小泡泡"时，小朋友们要手拉手编成一个最小圆圈；当老师说"吹成一个大泡泡"时，幼儿要把圆圈拉开，拉一个尽可能大的圆圈；当老师说"泡泡飞高了"时，小朋友们要用脚尖走；当老师说"泡泡飞低了"时，小朋友们要慢慢降低高度，原地蹲下；当老师说"泡泡破了"时，小朋友们要四散跑，听到老师说"吹泡泡了"时，小朋友们返回到圆圈上站好。游戏可重复进行。

注意事项：教师要规定四散跑的范围，不能跑太远，而且要注意周围的环境因素，保障幼儿的安全。同时，教育幼儿在四散跑时，互相不要推拉冲撞。

第四节 学前儿童体育活动的设计

日本：在幼儿园好好玩体育

在日本，大量的室外体育运动、远足是幼儿园的重要科目，使儿童从小就对体育兴趣浓厚，身体素质和体育能力也普遍较强。

孩子们每天早晨 8 点入园，一般有两个小时的户外自由活动时间，这段时间里，每个幼儿都可以充分地活动，使体力、脑力得到锻炼。孩子们从早晨入园就身着汗衫、短裤，有的还赤着脚，在运动场上进行各项体育活动。

　　反思：我们很怕孩子累着、冻着、热着，而日本恰恰相反，幼儿园开始就设有远足运动，这不仅锻炼儿童的体力，还配合采集标本，回来展出的任务，孩子们往往兴致很高，能主动、有创造性地参与活动。在日本，有一个我们看似无法接受的惯例，即冬天儿童也穿短裤进行体育活动。由于日本长期重视幼儿体育，因此儿童的体质普遍较好。作为家长或幼儿园的教师，我们也应该改变观念，重视幼儿的体育活动，开展丰富多彩的体育活动，加强幼儿身体的体育锻炼，更要培养幼儿的意志品质。

幼儿早操就是爱你

一、学前儿童体育活动的基本组织形式

　　按照不同的分类标准，幼儿园体育活动的组织形式有多种分类方式。比如，按照体育活动地点的不同，我们可以把它分为园内体育活动和园外体育活动，或室内体育活动和室外（户外）体育活动；按照体育活动组织的严密程度和教师指导方式的不同，我们可以把它分为正规性体育活动和非正规性体育活动。

　　按照幼儿在园一日活动中参与体育活动的时间和内容的不同，我们通常把幼儿园体育活动的组织分为以下几种形式：

　　（一）早操活动

　　这里所指的早操活动，并非是一般意义上所指的晨间体育活动，而是做操和晨间其他体育锻炼活动的总称。在天气晴好的情况下通常要求在幼儿园户外场地上进行（遇雨天，可在教室内做操，或利用走廊开展体操和小型游戏活动；在天气炎热或寒冷的季节，有条件的幼儿园可在专门的体育活动室中进行早操活动）。活动时间约半个小时，且要求每天都按时进行，活动形式大多采用集体活动和自选活动相结合的方式。这种活动方式在全面锻炼身体、培养幼儿养成良好的身体姿态、自觉参与和积极参加身体锻炼的良好习惯等方面，都有十分重要的作用。坚持每天做操，还有利于培养幼儿持之以恒、不怕寒暑等意志品质，并能有效地提高幼儿机体对环境的适应力，增加对疾病的抵抗力。

　　在幼儿早操活动中，经常开展的活动内容主要包括以下五个方面：

1. 准备部分

准备部分主要包括集合、整队及基本的热身运动。热身运动是早操活动必不可少的环节之一，尤其在冬季，是幼儿早操活动的重要组成部分。热身运动主要包括慢跑、走跑交替、模仿走、小跳、间歇性跳跃、热身操、热身舞蹈、运动量较小的体育游戏、各关节的伸展性练习等内容。要求教师通过各种形式内容的展开，为下一步活动做好积极准备。

准备部分中以柔韧性练习与协调能力的发展为主，运动量较小，节奏较慢。可与取器材结合在一起进行。

2. 队列队形活动

早操活动存在着集体性特征。因此，快速、有效的集合，队伍的调整及各种实际的操作都与队列队形活动密切相关。队列队形活动既可独立操作，也可融合到其他每个部分之中。根据幼儿园课程的需要，队列队形活动可简单也可复杂。简单的内容强调幼儿已有能力的表现。例如：原地性的练习或简单的队形练习等；复杂的内容，也可形成系统性的活动，根据不同年龄的特征，也可结合队形的变换进行练习。队列队形活动以走、跑练习为主，以队形变化为主线，运动量较小，也可与取放器材结合在一起进行。

3. 基本体操活动

基本体操是幼儿早操活动中重要环节，是早操中的主要表现形式。基本体操内容形式多样，既可形成独立的操节练习，也可把队列队形活动及体能活动结合在一起进行操作。基本体操活动以人体各关节的活动为主，运动量以中等为主，持续时间较长。

知识拓展

幼儿模仿操（小班）

预备姿势： 自然站立。

动作说明： 早上空气真正好：两臂上举向左右自然摆动。

我们大家来做操：两臂胸前屈肘，后展三次，放下。

伸伸臂、伸伸臂：两手叉腰，上体前屈两次。

踢踢腿、踢踢腿：两手叉腰，左右腿向前各踢一次。

蹦蹦跳、蹦蹦跳：两手叉腰，上跳四次。

天天做操身体好：原地踏步。

4. 体能活动

体能活动作为早操活动中提高运动负荷的重要环节，同样可独立操作，也可融入基本体操活动中进行综合操作。基本体操活动的部分形式也有体能发展的表现，如健身健美操、街舞等。同时，体能活动也常常与队列队形活动相结合，通过走、跑、跳、投、攀、钻、爬等形式结合各种的变化，进行独立操作；也可采用较大运动量的体育游戏进行开展。体能活动一般表现为中等、中大运动量，可结合身体材料或物质材料进行练习。

5. 放松活动

放松活动是幼儿早操活动中必不可少的组成部分。放松活动是以情绪、呼吸、身体的调整为主要目的，使幼儿通过较长时间的运动后，尽快恢复到平静状态的过程。放松活动主要表现形式为放松操、小游戏、呼吸练习或简单的队列队形的练习等，以小运动量为主，也可把器材的归还结合在一起进行。

（二）体育教学活动

体育教学活动（传统意义上的上课）是幼儿园体育活动的基本组织形式。它通常采用集体（全班或小组）教学活动的方式。在无特殊情况（主要指下雨或天气过热、过冷）的条件下，亦要求在户外场地进行。体育教学活动并非每天都进行，在现今的幼儿园中，各年龄班的体育教学活动一般每周安排 1~2 次，并大多采用游戏的方式来进行。幼儿园根据年龄的不同，集体体育教学活动的时间也不相同。一般小班中的教学时间为 15~20 分钟；中班为 20~25 分钟；大班为 30 分钟左右。

根据人体生理机能活动变化的规律和幼儿身心活动变化的特点，体育教学活动一般分为三个部分。

	任务	内容	时间
开始部分	组织幼儿，集中幼儿的注意力；使幼儿明确活动的内容和要求，激发他们参与身体锻炼活动的兴趣和愿望；通过身体活动，克服各器官、组织的惰性，提高其活动能力，发展主要肌群；根据基本部分的内容，做一些有针对性的准备活动，为下面的活动做好适应性准备	集合幼儿、整队，向幼儿说明活动的要求和主要内容；排队和变换队形练习；走步或慢跑步；做一些基本体操或模仿活动；开展一些运动负荷不大、有利于发展幼儿体能的游戏；也可进行一些简单的舞蹈和律动等	一般占总时间的 10%~20%。
基本部分	基本部分的主要任务是完成本次体育教学活动的主要教育和教学任务，学习新的或较难的活动内容，巩固和提高已学过的各类动作和游戏等，并从中通过幼儿自身的练习，提高幼儿身体素质，发展幼儿的能力，培养优良的品德和良好的性格，发展智力	以《纲要》所规定的内容为主。选择和安排要符合科学规律性。应该根据幼儿认知活动的特点，将新内容安排在基本部分的开始阶段，以便使幼儿能有较集中的注意力、饱满的情绪和充沛的体力去学习和练习。能引起幼儿高度兴奋或活动量较大的游戏活动，则应放在基本部分的后半段，以便使之与幼儿身体机能活动水平相适应	一般占总时间的 70%~80%。

	任务	内容	时间
结束部分	降低幼儿大脑的兴奋性；使幼儿的身体由运动时的紧张状态逐渐恢复到相对稳定的安静状态，放松肢体；合理的小结评价，有组织地结束活动；收拾和整理器材	轻松自然的走步；徒手放松肢体；简单、轻松的舞蹈；较安静的游戏等；肯定和称赞幼儿的努力和成功，同时继续激发和保持幼儿参加体育活动的兴趣和积极性；组织幼儿整理教具，养成做事有始有终的好习惯	一般占总时间的10%左右。

以上三个部分之间是相互联系的。虽然各个部分都有自己的主要任务、内容，但它们又是一个紧密结合的统一整体，上一个部分是下一个部分的准备，而下一个部分又是上一个部分的自然延续或发展，它们的中心目标是共同完成本节课的教育任务。

当然，体育教学活动的结构并不是一成不变或千篇一律的，各部分的内容、时间和安排等方面，都应该根据具体的活动目的、任务、幼儿的实际情况、季节气候的特点、场地及条件等灵活地组织和安排，其主要着眼点就是为了更好、更有效地完成幼儿体育活动的任务。

除了以上常用的幼儿体育教学活动的基本类型以外，还有一些其他类型。总之，体育教学活动的类型是多种多样的，没有固定的模式。但是无论采用哪种模式，都应从有利于更好地完成教学任务出发，遵循体育活动的基本规律和特点。

幼儿园体育教学活动方案的表述，一般包括以下几个部分，这几部分既可以采用文字叙述的方式，也可采用表格式。

①活动名称（班级）。

②活动目标（认知、技能、情感态度）。

③活动准备（场地、器材、知识准备等）。

④活动过程（开始部分、基本部分、结束部分）。

⑤延伸活动（不一定都有）。

⑥活动评析或建议。

（三）户外体育活动

《幼儿园工作规程》中明确规定："幼儿每日户外活动不得少于一小时"。因此，户外体育活动是幼儿园体育的重要组织形式之一。它具有活动内容丰富、活动时间经常、灵活性大、幼儿自主性强等特点，有利于教师发挥主导作用和贯彻区别对待等教学原则，也有利于发挥幼儿的主动性、积极性，更好地培养他们独立性和创造性。同时，能充分利用自然力量——空气、阳光进行体育锻炼。

1. 意义

幼儿在户外体育活动，还仅能锻炼身体，而且能直接受到阳光、空气和温度等自然因素的刺激，对幼儿运动系统、呼吸系统、神经系统的健康发育尤为重要；户外体育这种体育形式还能弥补早操和体育教学活动的不足，以分散的小组和个人活动为主，可以充分考虑和兼顾幼儿的不同兴趣，爱好和能力水平，幼儿可以自选活动项目和运动器械，在活动中发展自己的动作和身体素质，幼儿不会感到有什么压力，从而能轻松、愉快、自由地尽情活动；尊重幼儿的选择，也可以培养幼儿的独立性、自主性和创造性，幼儿自由结伴游戏，有助于幼儿社会性的发展。

2. 内容

基本体操：可以教授新操或准备运动会、节目表演的体操。

基本动作：较多的时间是复习巩固体育教学活动已教过的内容，也可以从实际出发，有计划地教授新内容。

游戏：《纲要》中的、教师自编的、幼儿自创的，还可以选用一些适合户外体育活动中的游戏。

各种器械练习：大、中型固定的运动器械（如综合运动器械、攀登架、跳跳床等）、移动的小型器械（如三轮车、自行车等）、可拿在手上的小型器械（如球、圈、棒、沙包、彩带、绳等）。

利用环境的自然力锻炼：三浴锻炼、爬山、过小桥以及赤脚在草地上或鹅卵石上走、跑等。

3. 组织

根据幼儿心理、生理特点，户外活动一般安排上、下午各一次，具体时间可根据不同地区、不同季节，灵活安排。

根据幼儿园的场地类型（草地、沙土地、塑胶地、水泥地等）和器械大小、数量多少的不同，班级数不同等各种客观因素，组织的形式也不完全相同，要对班级、场地、运动器材进行合理的安排和分配，充分发挥各自的作用。

户外体育活动，一般由教师带领全班幼儿进入指定的活动场所，布置活动的内容和要求（包括器材名称、玩法、器材交换、活动范围、活动时间、集合信号等），然后，采取教师直接指导下的集体体育活动，或间接指导下的分散体育活动。幼儿活动时，教师给予全面观察和一定的指导，指导包括对幼儿进行鼓励、启发、引导、参与、帮助、保护、纠正等。

除了以上三种最常见、最基本的幼儿体育活动组织形式外，结合课程、季节、节目等，幼儿园还可以开展运动会、远足、体育活动室（区域）活动、亲子体育游戏或短途游览等多种形式的体育活动。

二、学前体育活动应遵循的规律

（一）人体生理机能活动变化规律

人体在运动变化过程中，生理机能的活动能力是在不断变化的，呈现出一定的规律。机能活动能力开始较低，随着身体运动逐渐上升，达到最高水平并保持一定时间，最后由于疲劳而逐渐下降，形成一个上升－平稳－下降的规律。这就是人体生理机能活动变化规律。

运动过程中，人体生理机能活动变化的状况通常可以分为：上升阶段、平稳阶段和下降阶段。在体育活动中这三个阶段相对应的三个活动部分相互联系。虽然各自的主要任务、内容，但又是一个紧密结合的统一整体，上一个部分是下一个部分的准备，下一个部分又是上一个部分的自然延续和发展。中心目标是共同完成活动任务。

1. 上升阶段

活动的开始迅速集中幼儿的注意，从身心两方面做好准备。生理—身体准备活动，逐步提高幼儿机体的活动能力，使各器官、系统的机能逐步进入工作状态，为运动做准备。心理上，调动参与的积极性及愿望，使其精神振奋、情绪饱满、跃跃欲试。如使幼儿明确活动的角色及任务，有组织地进入活动；进行队列队形、准备操，培养身体的正确姿势，促进身体的全面运动；为开展活动做好各项准备，包括一般性准备活动和专项准备活动，可采用游戏化、情境化的方式进行。

2. 平稳阶段

这个阶段主要通过身体动作的学习、练习提高身体素质，发展动作能力，培养良好习惯。准备活动后，是幼儿学习和掌握体育基本知识、基本动作技能及锻炼身体的方法，提高身体素质、增强体质、养成良好品质的重要阶段。教师选择的内容要根据课程目标并结合实际进行。组织活动时要注意：①合理安排主要内容和其他练习的顺序。②巧妙设计辅助练习、诱导练习形式和方法。③科学安排并灵活调整各项活动内容的练习次数和时间，合理安排活动的密度和运动负荷。④选择适当的分组形式等。

由于幼儿神经细胞和肌肉组织都较容易疲劳，故这一阶段所持续的时间比成人的要短，而且保持相对最高水平的阶段也要短。根据这个特点，教师可将运动强度较大的，较激烈的或难度较大的活动内容安排在此阶段中。同时，注意活动内容及方式的多样与变化，以激发和保持幼儿高昂的情绪。

3. 下降阶段

这个阶段机体出现疲劳，大脑皮层兴奋下降，体能下降，需要通过放松活动使身体和情绪由高度的紧张、兴奋状态逐渐过渡到相对平静的状态，尤其是心律的恢复。本阶段可对本次活动进行简要的总结，组织轻松自然地走步、徒手放松练习、简单的舞蹈以及平静的活动性游戏等。这一缓冲阶段很重要，有利于消除幼儿身体的疲劳，使幼儿身体得到放松，促使其能量和心率恢复，并使幼儿的情绪逐渐平稳下来。

（二）动作技能形成规律

动作技能也称运动技能，是指人体在运动中，掌握和有效地完成专门的动作能力，或指按一定的技术要求完成动作的能力。

动作技能形成是一个复杂的过程，是条件联系的建立与巩固的过程。激发活动者的兴趣，提高其活动的积极性，使大脑皮层处于最兴奋状态，并且具备掌握该动作所需的基本素质和技能，是形成动作技能的重要条件。

实践证明，动作技能的形成与提高，大致包括相互联系的三个阶段：粗略地掌握动作、改进和提高动作、巩固和运用自如动作。要加速幼儿掌握动作技能的过程，取得动作技能形成的良好效果，就必须遵循动作技能形成的规律。

1. 粗略地掌握动作阶段

这一阶段的特点是大脑皮层的兴奋与抑制呈扩散状态，出现泛化现象，内抑制不够。因此，表现出动作僵硬、不协调，并伴有多余动作。

根据这一阶段的特点，主要任务是使幼儿建立正确技术动作的表象和概念，排除不必要的多余动作，纠正错误动作，在不断反复练习中粗略掌握技术动作。

教师应抓住动作的主要环节和幼儿在练习过程中存在的主要问题进行教学，不要过多强调动作细节，应运用正确的示范动作和简练的讲解语言来促进幼儿掌握技术动作。示范动作要做到重点突出，慢动作和快动作、分解动作和完整动作结合运用。在此基础上，幼儿进行反复练习体会技术动作方法、要领，用提示法和讲解示范交替进行，反复理解与练习，促使幼儿更快掌握正确的动作。

2. 改进和提高动作阶段

这一阶段的特点是大脑皮层运动中枢兴奋与抑制过程逐渐集中，内抑制逐步巩固，由泛化进入分化。因此，练习过程中的大部分错误动作得到纠正，消除了多余动作，使动作变得准确、协调，能较连贯地完成整个技术动作。但这一阶段动作还不够熟练，不能运用自如，遇到新异的刺激，错误动作或多余动作可能会重新出现。故此阶段要以完整的、连贯性的动作练习为主，以加深理解技术动作各部分之间的内在联系，使技术得以进一步巩固和提高。

根据此阶段的特点，主要任务是使幼儿在粗略掌握技术动作的基础上，进一步消除多余和错误动作，加深对动作各部分之间内在联系的理解，体会和掌握动作细节，促进分化抑制的发展，建立正确的动作动力定型，提高动作技能的协调性，使动作技术日趋准确。

教师在活动中以完整动作练习为主，使幼儿进一步建立完整的动作概念。当练习过程中出现某些错误动作时，可采取分解法，加强某一环节的练习，纠正错误动作，以免形成错误的动作动力定型。在幼儿练习的过程中根据需要，可运用完整正确的讲解和示范，激发幼儿思考练习，同时教师辅之以鼓舞性的语言给以适当强化，促进动作技能的形成。

3. 巩固和运用自如动作阶段

这个阶段的特点是大脑皮层的兴奋过程高度集中，内抑制相当牢固，形成了稳定的动力定型。这时能高度准确、熟练、轻松地完成动作，并能在各种条件下灵活自如地运用，达到了自动化的程度。为了进一步巩固已经掌握的技能，应注意在各种变化的条件下练习，以提高灵活运用技术的能力。

本阶段的任务是巩固已形成动作动力定型，进一步提高动作质量。在教学手段上采用完整练习法、重复练习法和循环练习法进行系统性的训练。改进和提高动作的某些细节，严格要求动作的完整性、节奏性、协调性和连贯性，促进动作技术能达到自动化程度。

上述三个阶段是有机联系的，阶段划分是相对的，各个阶段之间并没有明显的界限，是逐步过渡、逐步发展的。每个阶段的出现、持续时间的长短，与幼儿的水平、特点以及教材的内容、教师的教学方法有很大的关系，不能统一规定、要求。教学应从实际出发，灵活运用并遵循此规律。

三、学前儿童体育活动应注意的问题

幼儿时期是一个人身体及心理成长的关键期，激发幼儿积极参加体育活动的兴趣并养成科学锻炼身体的好习惯至关重要。

（一）幼儿早操应注意的问题

1. 做好活动前的准备工作。

2. 给幼儿提供足够的活动器材，并提供幼儿进行自选器材、自由活动的机会和条件。

3. 培养幼儿活动的创造性，全面锻炼幼儿的身体。

在活动的不同时间，指导幼儿利用同一器材或选用不同的器材尝试各种玩法、实现"一物多用"，从而培养儿童的创造力。

4. 丰富早操活动内容。

早操活动的内容通常是教师和幼儿基本学会和掌握的内容，一般不进行新内容的学习（器材的不同玩法例外）。基本体操的内容可以一学期更换 1~2 次，以提高幼儿做操的积极性，培养做操的能力。做操时应注意幼儿动作姿势是否正确、到位，发现错误应及时用语言提示或提供具体的帮助方法加以纠正，并注意引导做操时动作和呼吸的配合。为避免幼儿憋气和提高做操的兴趣，教师有时可采用以声助力的方法。

5. 根据季节和气候灵活调节早操活动的时间和内容。

要注意早操活动的安全和卫生，要保证场地整洁，所用器材的安全和卫生，播放音乐的音量要适中，不宜过大等。

6. 做好个别教育工作。

（二）幼儿体育教学活动应注意的问题

1. 做好活动前的准备工作

学前儿童体育活动前的准备工作包括幼儿的知识准备、活动前的场地、器材和玩具的置备和布置，熟悉活动计划及做好活动前幼儿及场地的安全、卫生工作。

2. 以积极的态度和高昂的情绪投入到活动的组织和指导中去，提高学前儿童体育参加体育活动的兴趣。

教师的情绪、态度、语调和姿态直接影响到幼儿的情绪和兴趣。因此，教师要注意自身的言行对幼儿情绪、兴趣的影响和感染，要以积极的态度和高昂的情绪投入到活动的组织和指导中去，要有高度的责任心，要有灵活性。

3. 灵活运用多种指导方式，既面向全体，又应注意个体差异，做好个别教育。

4. 控制好活动的时间。

小班体育教学活动的时间为 15~20 分钟，中班为 20~25 分钟，大班为 30 分钟左右。

5. 重视在活动中发展幼儿的智力，并通过建立体育活动常规，利用活动相关的内容，培养幼儿良好的品质和个性，促进幼儿身心全面健康地发展。

6. 做好活动后复习辅导和检查评价工作。

在学前儿童体育教学中，要不断总结经验教训，不断提高自身的组织指导能力和教育教学质量。

（三）幼儿体育户外体育活动应注意的问题

户外体育活动与早操活动有一定的相似之处，但由于户外体育活动内容、活动形式等灵活性更大，因此教师要重视指导工作。

1. 保证幼儿足够的户外活动时间。

2. 提供足够的活动器械和活动内容并提供自由活动的机会和条件。在活动的不同时间，应注意投放新的、不同的活动器材和丰富多彩的活动内容。

3. 活动前应向幼儿提出活动的不同的具体要求和注意事项。

户外活动要注意观察和了解每个幼儿的具体情况，有针对性地、灵活地加以指导，注意因材施教，做好个别教育工作。

4. 启发幼儿在活动中积极思考，发展幼儿活动的创造性，应要求幼儿遵守活动规则，活动结束时，要求幼儿整理和收拾好活动的器材。

5. 灵活运用多种活动和指导方式开展幼儿的户外体育活动。

应加强幼儿自选活动的指导，避免活动的失控。为此，教师一方面应限制幼儿的不当或过分活动，另一方面又要调动那些态度消极的幼儿参与活动，达到锻炼身体的目的。

6. 注意户外体育活动内容与其他形式的身体锻炼活动的密切配合。

7. 保证户外体育活动的安全和卫生。

四、《指南》中提出的动作发展方面的教育建议

幼儿园教师对《指南》中提出的动作发展方面的教育建议的理解和实施时，不要将前面所讲理论孤立和隔离，在组织具体的体育活动时，要结合前面讲过的应注意的问题，一并考虑。

（一）具有一定的平衡能力，动作协调、灵敏的教育建议

1. 利用多种活动发展身体平衡和协调能力。如：走平衡木，或沿着地面直线、田埂行走；玩跳房子、踢毽球、蒙眼走路、踩小高跷等游戏活动。

2. 发展幼儿动作的协调性和灵活性。如：鼓励幼儿进行跑跳、钻爬、攀登、投掷、拍球等活动；玩跳竹竿、滚铁环等传统体育游戏。

3. 对于拍球、跳绳等技能性活动，不要过于要求数量，更不以机械训练。

4. 结合活动内容对幼儿进行安全教育，注重在活动过程中培养幼儿的自我保护能力。

（二）具有一定的力量和耐力的教育建议

1. 开展丰富多样、适合幼儿年龄特点的各种身体活动，如走、跑、跳、攀、爬等，鼓励幼儿坚持下来，不怕累。

2. 日常生活中鼓励幼儿多走路、少坐车；自己上下楼、自己背书包。

（三）手的动作灵活协调的教育建议

1. 创造条件和机会，促进幼儿手的动作灵活协调。如：提供画笔、剪刀、纸张、泥团等工具和材料，或充分利用各种自然、废旧材料和常见物品，让幼儿进行画、剪、折、粘等美工活动。

2. 引导幼儿注意活动安全。如：为幼儿提供的塑料粒、珠子等活动材料要足够大，材质要安全，以免造成异物进入气管、铅中毒等伤害。提供幼儿用的安全剪刀；为幼儿示范拿筷子、握笔的正确姿势以及使用剪刀、锤子等工具的方法；提醒幼儿不要拿剪刀等锋利工具玩耍，用完后要放回原处。

幼儿园早操活动方案示例

1. 夏令时间：

上午 7：30—7：45　大班：走跑交替、徒手操、彩旗操

　　　　7：45—8：00　中班：走跑交替、游戏模仿操、徒手操

　　　　8：00—8：15　小班：走跑交替、生活模仿操、动物模仿操

2. 冬令时间：

上午 8：00—8：45　大班：跑跳走交替、武术操、沙袋操

　　　　　　　　　中班：跑跳走交替、运动模仿操、罐操

　　　　　　　　　小班：跑跳走交替、生活模仿操、手铃操

（摘自王占春．幼儿园体育活动的理论与方法［M］．北京：人民教育出版社，2002.）

【议一议】

通过对一些幼儿园的调查发现，大部分幼儿园基本满足了幼儿参与户外游戏所需要的时间，但户外体育游戏难免有风险，特别是年龄较小的幼儿自我保护意识和能力较弱，教师在开展户外体育活动游戏时就出现了诸多限制，活动内容主要集中于一些走、跑、跳等练习，而攀爬类内容则较为缺乏。如果你作为一名幼儿园的教师如何借助一定的器械，设定一定的角色，以增强游戏的趣味性，提高幼儿参与的积极性呢？

【练一练】

一、填空题

1.学前儿童体育活动的基本内容包括（　　　）、（　　　）、（　　　）、（　　　）

2.学前体育活动常用的基本方法有（　　　）、（　　　）、（　　　）、（　　　）、（　　　）

二、简答题

1.运用示范时应该注意哪几点？

2.学前儿童体育教学活动应该注意的问题？

【讲一讲】

1.选择一个体育活动内容，根据所学的理论编写一节体育活动的教案，并进行试讲。

2.收集小、中、大班体育游戏各一份，并在同学间互相讲解、交流共享。

实践训练

体育教学设计：神奇运球手

活动目标：

1.幼儿主动探索滚球、自抛自接、拍球、传球等玩球的方法和技能。

2.乐意参加体育活动，体验玩球的乐趣。

3.提高幼儿控制能力，锻炼幼儿手眼协调的能力。

活动准备：圈、皮球、体操垫、小椅子、球架、磁带、红黄绿大球若干。

活动重难点：练习自抛自接球；按颜色进行分类。

活动过程：

情景：皮球厂生产了许多皮球，现在请小朋友们帮助他们把皮球运到超市的球架上去，由于球总是乱滚，所以请小朋友们要想办法把球运走，放到对面的椅子上，看谁的办法最多？

一、开始部分

导入游戏：教师边演示边对幼儿说："大皮球真好玩，拍一拍，它就跳，滚一滚，到处跑，踢一踢，就前进。"（引发幼儿玩球的愿望）

二、基本部分

1.幼儿探索玩球的方法。幼儿自由玩球，鼓励幼儿想出多种玩球的方法，并让幼儿做示范（拍球、滚球、抛接球等）

2.教师表演花样玩球，吸引并组织幼儿练习玩球的方法。

3.《夺球游戏》：三分之二的幼儿有球，要有球的小朋友保护好球，没球的小朋友动脑筋把别人的球夺过来。

情景表演:《赶小猪》

隔壁王爷爷家养殖场的小猪跑出去了，他打电话给老师，让咱们小朋友去帮忙，我们要助人为乐，帮王爷爷小猪赶回家。这里有一群小猪（红黄绿若干大球），你喜欢什么颜色的就参加哪个队，想各种办法把小猪赶回家。

（1）集体赶小猪：分成三路纵队进行滚球接力，哪队先完成为胜。

（2）个别赶上猪：请幼儿探索多种玩法赶小猪。

三、结束部分

播放音乐做放松活动。（教师领幼儿做皮球韵律操）

活动评析：

1.通过玩各种游戏，启发幼儿动脑思考、动手操作，培养了幼儿的想象力。

2.通过游戏培养了幼儿助人为乐的良好品质，有助于幼儿良好个性的发展。

3.整个活动中，幼儿积极参加各种游戏，使幼儿的肌肉不同层次地得到了发展，幼儿也体验到了玩球的乐趣。

第六单元　学前儿童健康教育评价

单元介绍

　　学前儿童健康教育评价是依据一定的标准和程序，选择有代表性的评价参数，有计划、有目的地做出科学调查和价值判断，是考核学前儿童健康教育的重要方面。它是科学制定学前儿童健康教育计划的基础和依据。通过评价能够把握学前儿童健康教育的客观现状，准确发现存在的问题，及时采取干预措施，改善学前儿童的健康水平，促进学前儿童健康发展。

学习目标

◎了解学前儿童健康教育评价的意义

◎理解学前儿童健康教育评价的概念

◎掌握学前儿童健康教育评价的内容和方法

第一节　学前儿童健康教育评价概述

情境创设

　　我们积极探索幼儿健康教育方法、途径和策略，以"班级健康特色运动项目"、健康节、"健康亲子周、健康区域活动"等活动为载体，开展了丰富多彩的师幼健康教育系列活动。在健康节中，孩子们勇敢、顽强、富有挑战的精神令我们钦佩。如小班幼儿拍皮球、中班幼儿踢毽子、大班幼儿跳绳等，其中，花样跳绳有 14 种之多。通过这些活动，孩子们的身体素质有了明显提高。每年的健康体检，孩子的相关指标达到或超过标准：身高达标率为 97.1%、血色素达标率为 98.8%。即使在传染性疾病（手足口病、甲流等）流行期间，我园幼儿均未曾感染，幼儿出勤率相当高，保持在 95% 以上，真正促进了幼儿身心健康发展。

　　这是一个以"健康教育"为特色的幼儿园的做法。看完以后，你对学前儿童健康教育评价有了怎样的认识?

　　学前儿童健康教育评价是依据一定的标准和程序，选择有代表性的评价参数，有计划、有目的地做出科学调查和价值判断，是考核学前儿童健康教育的重要方面。它是科学制定学前儿童健康教育计划的基础和依据。通过评价能够把握学前儿童健康教育的客观现状，准确发现存在的问题，及早采取干预措施，改善学前儿童的健康水平，促进学前儿童健康发展。

一、教育评价的概念

　　教育评价是 1929 年由美国教育家泰勒首次提出的概念，他认为，教育评价可以为实现理想的教育目标起到促进和保护作用。但是，教育评价至今还没有形成一个确切的、严谨的、被一致接受的科学定义。其中有几个比较有代表性的提法：教育评价是以教育为对象，对其效用给予价值上的判断；教育评价是利用所有可行的评价技术评价教育所预期的一切效果；教育评价是对照教育目标，对由于教育行为所产生的变化进行的价值判断；教育评价是人们按照一定社会的教育性质、教育方针和教育政策所确立的教育目标，对所实施的各种教育活动的效果以及儿童发展水平所进行的科学的判定。

　　根据以上对有代表性教育评价观点所做的介绍和分析，我们认为，教育评价是对教育的社会价值做出判断的过程，即以教育为对象，对其效用进行价值判断的过程。

教育家泰勒

　　拉尔夫·泰勒（Ralph Tyler）是美国著名教育学家、课程理论专家、评价理论专家。他是现代课程理论的重要奠基者，是科学化课程开发理论的集大成者。由于对教育评价理论、课程理论的卓越贡献，泰勒被美誉为"当代教育评价之父"、"现代课程理论之父"。他在 1949 年出版的《课程与教学的基本原理》被誉为"现代课程理论的圣经"。其提出的"泰勒原理"被公认为课程开发原理最完美、最简洁、最清楚的阐述，达到了科学化课程开发理论发展的新的历史阶段。

"泰勒原理"的基本内容是围绕四个基本问题的讨论展开的：

第一，学校应该达到哪些教育目标？

（What educational purposes should the school seek to attain？）

第二，提供哪些教育经验才能实现这些目标？

（What educational experiences can be provided that are likely to attain these purposes？）

第三，怎样才能有效组织这些教育经验？

（How can these educational experiences be effectively organized？）

第四，我们怎样才能确定这些目标正在得到实现？

（How can we determine whether these purposes are being attained？）

围绕上述四个中心，泰勒提出了课程编制的四个步骤或阶段：可进一步归纳为"确定教育目标"、"选择教育经验"、"组织教育经验"、"评价教育计划"，这就是"泰勒原理"的基本内容。

泰勒原理解析

二、学前儿童健康教育评价的含义

学前儿童健康教育评价是指在系统地、科学地和全面地收集、整理学前儿童健康教育信息的基础上，对学前儿童健康教育的个人价值和社会价值做出判断的过程。学前儿童健康教育评价包括对学前儿童健康教育的整体规划的评价，对学前儿童健康教育目标、内容、组织形式和方法的评价，对进行健康学习的学前儿童的评价，对进行健康指导的幼儿园教师及其他相关人员的评价。学前儿童健康教育评价是学前儿童健康教育过程中一个必需的环节。

三、学前儿童健康教育评价的原则

学前儿童健康教育评价的原则是指在学前儿童健康教育评价实施过程中必须遵循的基本要求。在对学前儿童健康教育评价时，应遵循的原则有：

（一）方向性原则

方向性原则实质上是对学前儿童健康教育目标的实现程度做出的价值判断。因为学前儿童健康教育本身就是一种有目的的、有计划地促进儿童健康发展的培养人的活动，它是根据儿童身心发展规律和社会对人的实际发展需求提出来的，具有明确方向性地教育活动，健康教育评价也必须保证正确的方向，目标不明或目标错误都将导致健康教育方向的偏离和教育质量的下降。

学前儿童健康教育评价的目标是什么？是衡量健康教育活动的成功与否，是促进健康教育水平的提高，还是为了促进学前儿童的健康发展？学前儿童健康教育评价的根本目的在于提高学前儿童健康教育的水平，促进每一个幼儿的健康成长。

（二）可行性原则

作为具有较强的实践性和操作性的学前儿童健康教育评价，为保证其切实可行，根据学前儿童健康发展的实际情况，必须做到评价指标体系和实际操作要简单易行，具有一致性和普遍性。

1. 评价指标体系要简便易测。在保证评价指标体系科学合理的同时，解决好全面、先进和适度之间的矛盾，力求做到施测时既量力而行，又保证指标体系的切实可行。

2. 评价指标要有一致性和普遍性。其含义有：一是学前儿童健康教育评价的目标是一致的，即由国家规定的统一要求和标准必须坚持，不能降低，力求一致；二是在同一范围内，对相同的评价对象必须采用统一的标准。

（三）全面性原则

全面性原则是指评价的项目要全面，收集的信息要全面，不能片面强调评价指标中的某一项目，而忽视甚至遗漏其他项目，从而使评价工作科学、准确。全面性原则是由学前教育的总目标决定的，根据促进学前儿童全面发展的要求，学前教育工作应该使学前儿童在身体、认知、情感、社会性等方面都得到良好的发展。相应地，我们对学前儿童健康教育工作的评价也应该是全面的，必须遵循全面性地原则。

在学前儿童健康教育评价中运用全面性原则，一定要抓住评价标准的全面性，全面、充分地服务于学前教育总目标，反对过分强调某一因素而忽视其他因素。此外，还要求我们在学前儿童健康教育评价中全面而充分地收集有关信息，不要偏听偏信。

（四）定量评价和定性评价相结合的原则

学前儿童健康教育评价既需要定量评价，又需要定性评价，更需要把两者结合起来的评价。定量是定性的基础，定性是定量的出发点和结果。对学前儿童健康教育的评价既需要从量的方面进行分析评价，也需要从质的方面进行分析评价。定量评价采取定量的方法，收集和处理数据资料，对评价对象做出定量的评价结论，目的是使健康教育评价尽量客观、科学。定性评价是对评价对象的谈话、观察的基础上，直接得出定性的评价结论。教育现象异常复杂，只有将定量评价和定性评价结合起来，才能更全面、综合地对学前儿童健康教育做出科学合理全面的评价。

（五）静态评价和动态评价相结合的原则

静态评价和动态评价各有所长，又各有其短。因此，在进行学前儿童健康教育评价时，必须把二者结合起来。学前儿童健康教育评价中的静态评价，便于看清每一个年龄阶段的儿童是否达到了某种标准，便于儿童间的横向比较，发现某一儿童成长中的问题；动态评价的运用，便于每个儿童纵向比较，便于看清各自的变化过程，从而发现其发展的规律。值得注意的是，在幼儿面前慎用横向比较，横向比较只限于分析资料时使用，以便更好地发现每个幼儿发展的特点，从而制定出适合每个幼儿发展的目标。

（六）客观评价和主观评价相结合的原则

客观性原则是一切科学研究必须遵循的基本原则，要求在学前儿童健康教育评价中，采取客观的实事求是的态度，科学地确定和使用评价标准，尽量减少主观臆断和个人因素的影响。评价标准一旦确定，任何人都不能随意改动和偏离。例如，对学前儿童心理健康状况的评价应该遵循客观性原则，因为心理发展的各个方面，如情绪、社会性等看不见、摸不着，是一种比较抽象的客观存在，这就要求评价者尽可能排除主管因素对评价结果的影响，按事实的本来面目给出客观、准确的描述和评价。

在学前儿童健康教育评价中，一方面要遵循客观性原则，另一方面还要注意发挥评价者的主观能动性。二者并不矛盾，而且只有二者结合才能使评价结果更加客观和科学，更具有说服力。因为人不可能完全摒弃自己的主观性，尤其评价是进行价值判断的过程，价值判断不仅涉及客观事物本身，更涉及评价人的价值观、需要等。而每个人的价值观都是不同的，并且不同身份的人思考问题的角度、出发点和关注点都是不同的。学前儿童健康教育评价实际上是一个透过现象看本质、由表及里、去伪存真的过程。而这一过程，必须由评价者经过一系列的分析、综合、概括、抽象等工作才能完成。所以，在学前儿童健康教育评价时需要遵循客观评价和主观评价相结合的原则。

第二节　学前儿童健康教育评价的内容和方法

> 《3~6岁儿童学习与发展指南》健康领域的内容包括身心状况、动作发展和生活习惯与生活能力三个部分，每一部分设置了具体的小目标，3~4岁、4~5岁、5~6岁三个年龄段的小目标又略有差别。请在阅读之后谈谈你的体会以及对你的启发。

一、学前儿童健康教育评价的内容

学前儿童健康教育评价涉及的范围较广、内容很多。从宏观层面，它包括对学前儿童健康教育的整体规划的评价，对学前儿童健康教育目标、内容、组织形式和方法的评价，对进行健康学习的学前儿童的评价，对进行健康指导的幼儿园教师及其他相关人员的评价；从中观层面，它包括对学前儿童健康教育活动的评价，对幼儿本身生长发育和发展状况的评价，对卫生保健工作状况的评价；从微观层面，它则主要涉及学前儿童在健康认知水平、健康意识与态度、健康行为与习惯三个方面的评价。

根据学前儿童健康教育的实际，我们可以从两个维度讨论学前儿童健康教育的评价内容：

（一）从教育系统所包含的对象来看，包括对幼儿、教师和环境的评价

1. 对幼儿的评价

幼儿自我评价从依从性评价向独立性评价发展，从个别评价向多方面评价发展，健康状况观察、测量是幼儿健康领域的主要评价方式。对幼儿的评价具体来说包括：

（1）具有初步的生活习惯与自理能力，具有一定的安全意识和自我保护意识，保持良好的心理状态。

（2）经常对幼儿身体发育情况及基本活动能力进行调查。

（3）充分发挥幼儿在活动中的主体作用，积极、主动地参与健康领域内的活动，在活动过程中用探索、发现去建构知识与技能，体育活动中能主动地配合教师放置、收拾器材和场地。

（4）体育活动中，幼儿能随教师的预设，积极探索，愉快地投入动作的体验，情绪愉快高涨，有成功感。

2. 对教师的评价

健康领域中对教师的评价应以自评为主，园评应以自评为依据，在广泛听取各方面意见及日常保育岗位检查、幼儿健康状况及家长反馈的基础上进行全面评价。

（1）教师能关注多数孩子的健康状况，同时能注意幼儿的个体差异，能满足个别孩子的合理需求，使每位幼儿在原有的基础上得到提高。

（2）教师在健康教育活动中是启发者、引导者、观察者、合作者的多重角色。虽然教师在活动中直接灌输的东西减少了，甚至取消了，但教师事先对环境、材料的准备工作、组织工作都大大增加，所以对教师的作用不应有丝毫的忽视。

（3）贯彻保教结合原则，充分利用日常生活、体育活动等各环节，培养幼儿良好的生活卫生习惯、自理能力和自我保护能力。

（4）教师应主动培养自己对体育活动的兴趣，不断提高自己的动作能力和身体素质，使自己的动作规范、充满活力，为幼儿起示范作用。

（5）健康教育活动中，教师应在可能的条件下，组织或创设合作活动的环境，并对幼儿合作过程进行引导。

3. 对环境的评价

（1）幼儿生活、活动的物质环境安全，符合幼儿健康卫生要求。房屋、设备、场地安全；周围环境安静、整洁、优美；室内光线充足、通风良好、空气新鲜；桌椅高矮适合幼儿的身材；家具、电器、玩教具、书籍等符合安全卫生要求；幼儿有自己的毛巾、喝水杯等，并按时消毒；

盥洗室保持清洁卫生。

（2）通过为幼儿提供、创设丰富的符合健康领域教学内容要求的机会、情景、环境，鼓励幼儿主动地去思考、推理和解决问题，从而增强健康意识，养成健康习惯。

（3）营造宽松自由、接纳理解、尊重支持的氛围，使幼儿获得安全感，稳定情绪，主动愉快地参与各种活动。

（4）保证幼儿有充足的户外体育活动的时间，通过提供丰富的器材、宽阔的场地及游戏情节的创设，满足所有幼儿运动的需求。器材要体现出层次感，满足幼儿个体差异及对运动需要的不同兴趣爱好，满足幼儿自我评价的需要。

（二）从教育活动的过程和效果来看，包括以下几个方面的评价

1. 学前儿童健康教育活动评价

（1）活动目标评价

①对活动目标定位的全面、适宜性进行评价。根据不同年龄和发展水平儿童的需要、兴趣、接受能力，以及儿童参与健康教育活动的程度等，制定活动目标；活动目标全面，包括认知、情感、能力三个方面的内容。

②对活动目标表述的评价。活动目标的表述清晰、准确、具有可操作性，表述的行为主体一致。

（2）活动准备评价

①活动材料的选择、投放以及利用。根据本班幼儿的实际情况以及活动区的特点，选择多样化的投放方式，注重材料投放的动态性；注重材料投放的层次性，促进幼儿在原有基础上的发展，同时兼顾个体幼儿发展的要求和愿望；明确材料的作用，探索材料的多种玩法。

②知识经验的准备。教师应把握幼儿的"最近发展区"，进行教学活动前必须了解幼儿前期已经掌握了哪些与本次活动相关的知识和技能，具备了哪些能力。

（3）活动内容评价

活动内容的选择与活动目标的要求是否一致；活动内容与儿童的年龄特点和实际水平是否相符；活动内容是否符合儿童的兴趣与需要；活动内容的组织主次是否分明、布局是否合理、重难点是否突出，各环节的衔接和过渡是否自然流畅。

（4）活动过程评价

活动方法的选择与运用是否依据活动目标、内容以及儿童的年龄不同而变化；教的方法与学的方法是否符合；方法的运用能否使儿童在活动过程中感到情绪愉悦，儿童能否积极主动参与；活动的组织形式是否丰富多样，是否因材施教；活动中是否考虑到了情感、人际关系等因素的影响。

2.学前儿童发展状况评价

（1）身体生长发育评价

学前儿童身体生长发育是衡量学前教育机构保育质量的一个重要指标。选择反映人体生长发育的基本测量指标，运用正确的测量方法，通过与正常发育标准数的分析比较，能够对学前儿童身体发育状况做出正确的评价，进而作为评价和改善学前教育机构保育质量的重要指标。

①体重

人体体重是各器官、组织、体液的总重量。体重是衡量小儿体格生长发育、营养状况的重要指标，也是小儿用药和补液计算剂量的依据。平均出生体重常常是衡量一个国家儿童保健工作的指标之一。新生儿平均出生体重男婴为3200g，女婴为3120g。

体重增长是体格生长的重要指标之一。体重增加的总趋势表现为：新生儿出生后3~4日时可能出现生理性体重下降现象，降至最低点，以后回升，至7~10日恢复到出生时体重。体重增加速度在头一年最快，2岁前体重增加的速度逐渐减慢，2岁至青春期前为稳速生长。

②身长（高）

身长（高）指标是反映体格特征和生长速度的重要指标。人体身长（高）受营养的短期影响不明显，但受种族、遗传和环境的影响比较明显。我国新生儿出生时平均身长为50cm，身长（高）增加的总趋势和体重一致，第1年增加最快，平均增加25cm，2岁前身长（高）增加的速度逐渐减慢，第2年平均增加10cm，2岁至青春期前为稳速生长，青春期开始身长（高）又会猛增。

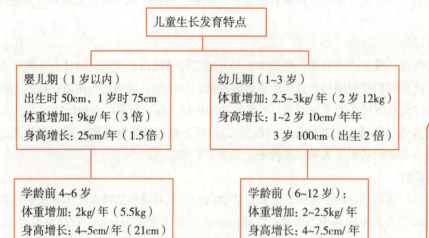

学前儿童生长发育指标

③头围

头围是自眉弓上方最突出处经枕后突隆绕头一周的长度，头围与脑和颅骨的发育有关。头部的发育在出生后前3年变化快，其中出生后头半年最快，第2年后增速减缓。新生儿出生时平均头围为34cm，在头半年里增加了9cm，后半年增加了3cm，第2年增加2cm，第3年增加1~2cm，3岁时头围约为48cm，6岁时为49~50cm。对3岁以下儿童进行头围监测是非常有必要的。

④胸围

胸围是沿乳头绕胸一周的长度，是反映胸腔容积、胸肌、背肌的发育和皮脂蓄积状况的重要指标，还能够反映呼吸器官的发育情况。新生儿出生时胸廓呈现圆筒状，胸围小于头围约1~2cm。随着年龄增大，胸廓的横径增加快，至12~21个月时胸围大于头围。

我长高了

一、活动目标：

（一）通过比较，了解自己身高的变化。

（二）能用响亮的声音表达自己的想法，感受长高的快乐。

二、活动准备：

搜集幼儿出生时的身高、记录幼儿现在身高的小卡片、各种用品（A3大小的纸、较大型的积木、树枝、小棒、牙膏盒、瓶子、绳子……）皮尺、调查表（师生共同完成）、墙面上用颜色较深的绳子拉出一条离地面50厘米的长线条

三、活动过程：

（一）说一说：自己现在的身高和出生时的身高。

1.师：前段时间我们量了一下自己的身高，谁愿意来说一说自己有多高？

2.请幼儿介绍自己的身高。

3.师：你们都想来介绍，那可以和同伴说一说自己的身高，然后把记录身高的小卡片贴在自己的名字旁边。

4.师幼一起观看身高记录表。

5.找一找班级里谁最高？你是怎么知道的？提升一些比较高矮及高矮排序的方法。

6.师：这是你们现在的身高，可是你们知道自己刚出生时的身高是多少厘米吗？

（二）比一比：分别选择幼儿熟悉的物品、自己和出生时的高度相比，体验自己在长高。

1.（出示皮尺）展示幼儿出生时的高度。

2.请幼儿选一样物品，和50cm比一比，是高还是矮？

3.交流幼儿比较的结果。

4.幼儿和出生时高度进行比较。

5.交流结果。

（1）你是怎么比的？

（2）50cm到你身体哪里？

6.小结：多吃饭、喝水，还要有充足的睡眠，多做运动，都能让我们长高。

（2）心理发育评价

学前儿童心理发展的水平主要表现在感知、运动、语言和心理过程等各种能力以及性格方面。影响学前儿童心理发展的因素是多方面的，其中来自学前教育机构的心理社会环境、物理环境等是重要的影响因素。因此，从某种程度上说，学前儿童的心理发展健康状况往往是衡量学前教育机构保育质量的重要指标之一。当然，对学前儿童心理发展状况进行评价，如智商测量、心理健康状况测量、社会适应能力测量等，客观、公正地了解学前儿童在当前生态环境下的行为表现，从群体儿童鉴别出问题行为和心理发展障碍，进而有针对性地实施早期保育，有利于提高保育质量，促进学前儿童心理的健康发展。

3. 卫生保健工作状况评价

（1）对学前儿童健康服务的评价

指的是针对学前儿童的一切卫生保健措施的评价，包括卫生保健工作的领导、管理和组织，保教、保健人员的培训，卫生保教制度的制定，各种保健资料的存档，保育、保健责任的落实等。

（2）对学前儿童健康环境的评价

主要包括物质环境和精神环境的评价。

①物质环境评价

幼儿基本用房和活动场地等空间条件及其合理使用情况，室内外的通风、采光、绿化、安全、卫生状况，玩具、教具、家具、设备的拥有及其充分利用状况等。

②精神环境评价

幼儿园内的人际关系（教师与教师、教师与幼儿、幼儿与幼儿之间的关系）是否融洽，是否充满温馨的情感气氛，是否有利于幼儿与人交往、互助、合作和分享，是否能满足幼儿的生活、活动、安全等各种需要，能否关注不同的个体并给予个别化的照顾、指导和咨询等。

健康教育活动中的教师评价

以下是一次中班幼儿健康教育活动《平衡练习》的活动过程记录：

环节一：教师组织幼儿进行准备活动，然后把幼儿带到另一已布置好的场地，请幼儿观察场地上并列放着的六条平衡木。

环节二：教师让幼儿自己选择平衡木，尝试走过去。教师布置任务后，很多孩子便开始在自己选定的平衡木后排队，开始练习了。约过了44分钟，一小男孩首先在矮平衡木上进行慢跑练习，另一男孩看到了，叫道："看我的！看我的！"并在矮平衡木上做出跳跃的动作，他们的大胆尝试引来了周围小朋友的喝彩声。听到了喝彩声，老师转过头来，当看到这两个男孩子时，马上大声地斥责："快下来，快下来，谁叫你们这样做的！小心摔下来！再不好好练习的话，等会就不要玩了！"这两个男孩子只好从矮平衡木上下来，到高平衡木上走来走去。在这一环节的活动中，有五个孩子总不停地东张西望，每次准备轮到自己练习时，他们马上又排到队伍的最后面，老师一直没发现。此外，在幼儿练习的过程中，教师不时瞄腕间的手表……

环节三：玩游戏"搬家"时教师提供了很多辅助材料，幼儿每次要运一件物品经过"小桥"（平衡木），搬到"河"对面的"新家"里。在最边上的一高平衡木上，一个小女孩把小枕头顶在头上，小心翼翼地走过平衡木，并喊着："老师，看我的！"老师没反应。这时，一个小男孩手中拿着一串灯笼，在平衡木前犹豫，老师马上说道："快点！"在老师的催促下，小男孩慢慢地走上平衡木，"抬头，看着前面，不要弯腰……"老师在一旁指导着。过了约60分钟，两小男孩子把一条高平衡木架到矮平衡木上，小心翼翼地住架起的平衡木上走着。当老师转身发现时，马上跑了过去，把小男孩从平衡木上抱了下来，生气地问："是谁先这样做的？谁让你们这样玩的？"……

点评：教师的评价过程中的问题主要表现在三个方面：一是仅关注幼儿的安全而过多地"约束"他们在活动中的大胆尝试。二是只关注活动的程序化而忽视了幼儿的表现。三是仅关注幼儿的动作练习及指导，忽视幼儿的情感需要。

二、学前儿童健康教育评价的方法

学前儿童健康教育评价的方法很多，根据评价的任务、要求和实际需要选择合适的评价方法。常用的评价方法有相对评价、绝对评价和个体间差异评价，诊断性评价、形成性评价和终结性评价，单项评价和综合评价，自我评价和他人评价。

学前儿童健康教育评价

（一）相对评价、绝对评价和个体间差异评价

按照评价的基准划分，我们将学前儿童健康教育评价分为相对评价、绝对评价和个体间差异评价三种类型。

1. 相对评价

这是在被评价对象的集合总体中选取一个或若干个对象作为基准，然后将其余评价对象与基准加以比较，也可以用某种方法将所有被评价对象排列成先后顺序的评价。例如喝水时，有的儿童喝得快或喝得多，而有的儿童则喝得慢或喝得少，这里的"快"与"慢"、"多"与"少"，都是因儿童而异的相对评价。相对评价标准常常在评价对象之间进行比较，有利于确定个体对象在集体中的相对位置，但由于只是评价对象内部的比较，容易出现标准的高低变化。

2. 绝对评价

这是在被评价对象的集合之外确定一个客观的标准，将被评价对象与这个客观标准进行比较，并做出价值判断。学前儿童健康教育的绝对评价标准往往按照幼儿园卫生保健制度、幼儿园管理条例、幼儿园健康教育目标等加以确定，不以被评价者的具体情况为转移，所有被评价对象都与客观标准对照比较。例如，对学前儿童身高、体重、血压等反映学前儿童生长发育及生理功能的评价就是绝对评价。由于绝对评价具有科学准确、可以信赖的客观标准，因此较为公正合理，并且因揭示了评价对象与客观标准之间的绝对差距而有助于评价对象明确努力方向。

3. 个体间差异评价

这是将被评价者集合总体中的各个对象的过去和现在进行比较，或者将某一个对象的若干侧面相比较的评价方法。例如，运用生长发育图对个体生长发育状况进行今昔比较，能够看到个体的变化发展趋势；又如，评价一个学前儿童的健康教育水平，可以从学前儿童健康行为的形成、健康知识的掌握及健康态度的改善等方面加以评定。个体间差异评价能够顾及个体之间的差异，在充分考虑个体原有水平的基础上进行个体发展变化的评价，因此一般不会对被评价者构成压力。但弊端在于，既不与客观标准比较，又不与其他被评价者比较，缺乏进一步改善目前状况的动力。

在学前儿童健康教育评价中，我们更倾向于将相对评价、绝对评价及个体间差异评价结合起来使用。

（二）诊断性评价、形成性评价和终结性评价

按照评价的功能划分，我们将学前儿童健康教育评价分为诊断性评价、形成性评价和终结性评价三种类型。

1. 诊断性评价

诊断性评价又称前期评价，是在开展健康教育活动之前进行的预测性的评价，或者对评价对象的发展基础和条件加以测定。诊断性评价的目的在于了解评价对象的基本情况，发现存在的问题。例如，一个教师在初接一个班级的时候，会通过家访等形式对该班幼儿的身体和心理发展状况进行调查，这样做的目的是了解班上幼儿的发育和发展情况，以便在以后的工作中根据幼儿的实际情况进行锻炼和教育，真正做到因人施教。

2. 形成性评价

形成性评价又称中期评价，是在健康教育活动中针对活动效果而进行的持续性地评价，其目的在于及时获取反馈信息，适时调整教育进程、方法、手段，以便达成教育目标。它是在计划或方案实施过程中对计划或方案的即时评价，这种评价使评价工作始终处于动态之中。例如，在幼儿园工作中，每隔一段时间都要对幼儿的身体发育情况进行调查，以便教师及时了解幼儿的发育状况，调整和改革保教工作，以帮助幼儿达到更好的发育和发展。

3. 终结性评价

终结性评价又称终期评价，是在健康教育计划实施后对其终极结果所进行的评价，它以预

先设定的健康教育目标为依据，判断评价对象达到目标的实际水平，包括是否进一步解决了幼儿的健康问题，提高了幼儿的生活质量等学前儿童健康教育工作者最关心的问题。终结性评价是事后评价，其用途常常是对被评价对象做出鉴定、区分等级、语言被评价对象未来发展的可能性等。例如，一项学前儿童健康教育计划或实验结束后，一般会邀请该领域的专家进行鉴定，做最后的评价，这就是终结性评价。

鉴于三种功能评价各自都有优缺点，所以现在的学前儿童健康教育评价多是诊断性评价、形成性评价和终结性评价结合使用。

（三）单项评价和综合评价

按评价对象的复杂程度划分，我们将学前儿童健康教育评价分为单项评价和综合评价两种类型。

1. 单项评价

这是指对评价对象的某个侧面进行的评价判断，如对学前儿童生长发育的评价、对教学活动组织水平的评价、对幼儿园膳食管理制度的评价等。它可以为评价对象某一方面的健康教育工作的改进提供依据。

2. 综合评价

这是对于评价对象完整性地价值判断，学前儿童健康教育涉及多方面，因此综合评价可以获得更系统、更完善的资料。

在学前儿童健康教育评价中，单项评价和综合评价往往是相互补充的，因此两种评价方式需要相互结合进行。

（四）自我评价和他人评价

根据评价的主体划分，我们将学前儿童健康教育评价分为自我评价和他人评价两种类型。

1. 自我评价

这是指评价对象参照一定的指标，对自己的健康教育工作做出的价值判断。比如，一个幼儿园老师在自己班内组织完一个健康教育活动之后，进行教学反思，这就是自我评价。自我评价的优点是易于进行，每天、每周、每学期、每年都可以进行；缺点是缺少外界参照系，无法进行横向比较，容易出现对成绩或问题估计得偏高或偏低等倾向，评价的客观性较差。

2. 他人评价

这是指评价主体对被评价者的评价，即来自外部的评价。例如，各级教育主管部门以及各级领导对某个幼儿园、对某位幼儿园教师的健康教育工作的评价，幼儿园教师对幼儿健康状况的评价，幼儿同伴对某幼儿的评价等，这些都属于他人评价。与自我评价相比，他人评价要客观一些，但一般来讲，他人评价的组织工作比较麻烦，花费的人力、物力也比较多。

在具体的学前儿童健康教育评价工作中，可以把自我评价和他人评价结合起来使用，从而使两种方法各扬其长、各避其短。

第三节 学前儿童健康教育评价的组织与实施

学前儿童健康教育的评价过程包括确定评价目的，设计评价指标，确定资料收集的方案，实施评价、收集资料，分析整理资料，形成评价结论，及时反馈修订等环节。这些环节形成一个新的循环，有些环节相互重叠，划分不很明显。

一、确定评价目的

每一项评价都有特定的目的，确定评价目的意味着评价者先形成自己的评价概念，明确所要进行工作的真实含义，以及期望获得的信息和所要解答的问题。确定评价目的是对学前儿童健康教育评价实施的第一步，它是评价者根据需求，拟对健康教育的哪些方面做价值判断的过程，目的的确定对评价的内容、方向、手段等都有直接的影响，对后期目标的分解和评价指标的设计起着直接的指导作用。在确定评价目的时，应当做出全面考量，在可行的范围内对有实际意义的主要方面进行评价。

二、设计评价指标

确定评价目的后，就要设计评价指标，以利于评价过程有章可循、有标准可依。作为衡量课程设计、实施以及效果的标尺，评价指标应当客观、公正和规范化。在这一阶段，要将目标进行分解，形成在目标之下的一级指标和二级指标，形成合理的指标体系。然后确定采用多少等级来进行评价，分别赋值，并为每一指标的等级编制出相应地评价标准。最后，根据各指标在指标体系中的地位和作用，赋予一、二级指标适宜的权重值，编制出评价标准表。

例如，常用的学前儿童健康教育活动评价指标包括：学前儿童健康教育活动是否适应学前儿童的需要、兴趣、接受能力；学前儿童参与健康教育活动的程度等；学前儿童健康教育活动所选定的目标和各级分目标的合适程度，各级目标轻重缓急安排的顺序的合理程度；学前儿童健康教育活动的策略和措施是否正确和合理，是否适合教育对象以及其他各方面的客观情况。表6-1列举了一些具体的学前儿童健康教育活动评价指标。

表 6-1 常用的学前儿童健康教育活动评价指标

评价项目	指标项目
教师对儿童活动的安排	让儿童使用玩具材料的时间占非餐点时间的比重
	让儿童自选玩具材料与操作内容的时间占非餐点时间的比重
	伙伴可交往时间占非餐点时间的比重
	安静、纪律与等待时间占非餐点时间的比重
	无目的、无教师差异的自由活动时间占非餐点时间的比重
	非学前技能的学与玩的时间与玩时间占非餐点时间的比重

续表

评价项目	指标项目
教师行为	教师在一日活动中对儿童亲切温和与尊重儿童人格的态度与用语 教师听儿童说、关注儿童情绪态度变化的频度 教师对儿童积极肯定的评价频度 教师参与儿童学与玩的频度 教师面向每一个儿童的行为取向 教师完全脱离儿童活动的时间占非餐点时间的比重
儿童活动的积极性	儿童在园的言语伴随频度 儿童在园时的伙伴交往频度 儿童在园的无所事事的行为频度

三、确定资料收集的方案

根据所设计的评价指标，确定评价资料的收集方案。在设计方案时就确定好方法和步骤，能够保证评价的实际过程按照评价目的有计划地进行。调查法、比较法、观察法、统计分析法等是收集评价资料的基本方法。在确定资料收集方法时，应该根据评价目的、需要和客观情况，灵活、准确地进行选择和确定，有时可以多种方法结合使用。此外，还要做好人员分工和培训。

四、实施评价、收集资料

实施评价前，应该进行相应的准备工作，如确定评价小组成员、建立评价表格。应该让被评价者理解评价工作的目的，让评价者按照评价方案实施评价。这一阶段主要是做好宣传和动员工作，统一评价者和被评价者的思想，防止产生各种消极因素和各种抵制情绪，使有关人员有一个良好的心态和积极的参与态度参加评价工作，保证按预定的评价方案和使用设计好的评价指标开展评价活动。在资料收集过程中，对学前儿童健康态度的资料收集最为困难，需要运用观察法或者日常行为记录法进行补充。

五、分析整理资料

运用各种方法收集的资料和数据需要经过整理、加工、分析和统计处理以后，才能说明健康教育评价所要阐述的问题。评价人员要对每一具体的项目进行评分，即根据评价对象的实际状况与指标的符合程度，认定相应的分数或等级。汇总后的评分可由计算机来完成，整理后写出总结报告材料。

六、形成评价结论

在全面分析资料的基础上，总结经验教训，找出发展中存在的问题，并且检查本次评价的效度和信度之后，就能够形成对评价对象的评价结论。评价结论是以评价目的为出发点，将现象和经验进行归纳和综合，找出规律性的东西，发现、分析与诊断学前儿童健康教育工作中的问题和不足。

七、及时反馈修订

将评价结果以恰当的方式反馈给有关人员并使其在此基础上改进健康教育措施和方法，使教育工作获得更大的进步。例如，将学前儿童健康状况评价结果定期向家长反馈，进一步了解影响幼儿健康状况的原因，及时采取措施，做好幼儿健康的保护工作，做好突发健康问题的处理预案。同时对评价过程进行反思，进一步修订评价方案，使之更完善、更合理、更科学。整个评价过程到此告一个段落，并通往下一个循环，这样可以使学前儿童健康教育推向更高层次和水平。

【议一议】

有趣的竹竿

下课时，我发现小朋友们总喜欢去玩门口花坛里的竹子，把竹子弄倒做游戏，或者找一些长树枝玩，还有一些玩断的呼啦圈被小朋友们分成了一根根短棍，这些成了他们最喜欢的玩具。但是他们最喜欢的玩法就是把棍子作为攻击别人的武器。根据幼儿对竹竿、棍棒的喜爱，为了引导他们玩出更多安全有趣的玩法，我特意设计了本次活动。让幼儿自主探索更多玩法，初步接触、了解跳竹竿这一民间体育游戏活动，初步接触各种简单节奏。让幼儿在轻松愉快的氛围中体会到集体合作的快乐，促进幼儿交往能力的提高。

请点评这位老师的做法，如果你是这位老师，遇到这种情况你会怎么做？

【练一练】

1.2012 年颁布的《3~6 岁儿童学习与发展指南》提出的儿童健康教育的评价指标包括：身心状况、（   ）和（   ）三个方面的内容。

2.按照参与评价的主体可以将学前儿童健康教育评价分为（   ）和（   ）。

【讲一讲】

请你综合运用评价方法中的知识，尝试分析"知识拓展——健康教育活动中的教师评价"案例中的评价方法，相互讨论并写出分析小报告。

参 考 文 献

［1］高庆春，梁周全. 学前儿童健康教育［M］. 北京：高等教育出版社，2011.

［2］庞建萍，柳倩. 学前儿童健康教育［M］. 上海：华东师范大学出版社，2007.

［3］张首文，文岩. 学前儿童健康教育［M］. 北京：清华大学出版社，2015.

［4］王娟. 学前儿童健康教育［M］. 上海：复旦大学出版社，2012.

［5］霍立岩. 学前教育评价［M］. 北京：北京师范大学出版社，2000.

［6］顾荣芳. 学前儿童健康教育论［M］. 南京：江苏教育出版社，2009.

［7］顾荣芳. 学前儿童卫生与健康教育［M］. 南京：江苏教育出版社，2006.

［8］高庆春，梁周全. 学前儿童健康教育［M］. 北京：高等教育出版社，2011.

［9］王娟. 学前儿童健康教育［M］. 上海：复旦大学出版社，2012.

［10］唐林兰，于桂萍. 学前儿童卫生与保健［M］. 北京：教育科学出版社，2012.8

［11］朱家雄. 学前儿童健康教育［M］. 北京：北京出版社，2014.

［12］李珊泽. 学前儿童健康教育［M］. 北京：中央广播电视大学出版社，2008.

［13］张首文，文岩. 学前儿童健康教育［M］. 北京：清华大学出版社，2015.

［14］范惠静. 幼儿园健康教育活动指导［M］. 北京：人民教育出版社，2013.

［15］龙明慧. 幼儿健康教育［M］. 北京：北京师范大学出版社，2013.

［16］范惠静. 幼儿园优秀健康活动设计80例［M］. 北京：中国轻工业出版社，2014.

［17］教育部教育管理信息中心组. 全国优秀幼儿健康教育活动课例评析［M］. 重庆：西南师范大学出版社，2011.

［18］刘馨. 学前儿童体育［M］. 北京：北京师范大学出版，2013.

［19］汪超. 学前儿童体育［M］. 上海：复旦大学出版社，2015.